◎ 王爱玲 张一帆 孙素芬 编著

古今

北京农业要事便览

U0349195

中国农业科学技术出版社

图书在版编目（CIP）数据

古今北京农业要事便览／王爱玲，张一帆，孙素芬编著. —北京：
中国农业科学技术出版社，2017. 11

ISBN 978-7-5116-3322-4

Ⅰ.①古…　Ⅱ.①王…②张…③孙…　Ⅲ.①农业史–史料–北京
Ⅳ.①S-092

中国版本图书馆 CIP 数据核字（2017）第 262000 号

责任编辑	徐　毅
责任校对	马广洋

出 版 者	中国农业科学技术出版社
	北京市中关村南大街 12 号　邮编：100081
电　　话	（010）82106631（编辑室）　　（010）82109702（发行部）
	（010）82109709（读者服务部）
传　　真	（010）82106631
网　　址	http://www.castp.cn
经 销 者	各地新华书店
印 刷 者	北京富泰印刷有限责任公司
开　　本	700 mm×1 000 mm　1/16
印　　张	18.5
字　　数	260 千字
版　　次	2017 年 11 月第 1 版　2017 年 11 月第 1 次印刷
定　　价	68.00 元

◄◄◄■■ 版权所有·翻印必究 ■■►►►

《古今北京农业要事便览》
编著人员

王爱玲　张一帆　孙素芬　郑怀国　赵静娟

串丽敏　颜志辉　秦晓婧　张　辉　张晓静

祁　冉　李凌云　张珊珊　贾　倩

引　言

古往今来，"农业上的那几件事"，通常是指"耕、种、管、收及加（工）"。这是第一层次概念，第二层次概念是"土、肥、水、种、密、保、工（具）、管"，也即毛泽东同志在总结前人实践（包括实验）基础上提出的"农业八字宪法"。在农业实践中上述 2 个层次的概念可以说是农事中的"纲"与"目"，真正推动农业不断有所发明、有所创造、有所前进的是这些纲目内不断有所发明、有所创造的事。如改变土壤、兴修水利、制作肥料、培育良种、制造工具、合理密植、防治自然灾害、实行科学管理、改进工具、农产品的精深加工、储藏等。这些都是人类认识自然、改造自然、推进农业不断发展的"动力"农事（即具有推动力的农事），没有这些"事"，上面的两层静态概念就永远停留在自然演变之中，而落后于人类社会的发展进程。事实上自人类出现以后，不仅发明了农业，还不断创新农业生产力，推进农业不断有所前进，甚至跨越式发展。

北京农业发明至今，并走在全国农业的前列，其绝非自古迤逦至今，而是不断有所前进。鉴于其史已成长河，今人面对漫无尽头的长河欲一望到底，事事了如指掌是不可能的，但从源头高瞻远瞩，观其"惊涛"和前行的"浪尖"，还是可行的。

北京是"北京人"的发祥地。"北京人"的问世揭开了北京地区人类历史的序幕，使北京地区成为世界上最早进入人类社会的源头之一；"北京人"及其子孙们用智慧和勤劳使北京地区的山河、平原变成北京农业的热土，是"北京人"用劳动创制出旧石器工具、开启了采集渔猎农业；是他们的后裔"东胡林人"和"转年人"开创了中国北方农业起源的源头之一，撰写了北京农业文明的第一页（或第一章）。回眸古代峥嵘岁月，放眼今日京华，"北京人"及其子孙们无愧于这片热土的哺育：从距今 50 万~70 万年的周口店遗址开启旧石器时代，到距今 1 万年前开创的新石器时代——东胡林人、转年人遗址，到距今 6 500~7 000 年的上宅人遗址出现神农"教种五谷"中的粟、黍、豆等作物遗迹，再到距今四五千年的夏商周时代出现了青铜器，这是劳动工具创制中一次次质的飞跃，出土的遗址有昌平雪山遗址、密云燕落寨、平谷刘家河、丰台榆林庄、房山琉璃河等遗址，出土的铜器工具有斧、锛、斤、凿、刀、锯、锥、钻等；到距今 2 300 至 2 700 多年的春秋战国时代出现了冶铁器农具（犁）和牛耕，这创造了生产工具发展史上的第二次飞跃；到唐代出现了曲辕犁，这是犁具史上的一次重大改进。之前在西汉时代推广应用了搜粟都尉赵过发明的播种耧车等；到清代后期或近代开始从西方引进机械农具，不仅提高了耕作效率，更在于用机械力替代了人力或畜力。这是北京地区农用工具史上的第三次质的飞跃，并逐步走上机械化与电气化相结合之路；从 20 世纪 90 年代中后期及 21 世纪前 10 年即已进入信息技术时代，其主要标志是信息技术和生物技术全面进入农业领域，并成为都市型现代农业的两大支柱，支撑着都市型现代农业朝着生态、安全、优质、高效、高端、高辐射及精准、集约、可持续、又好又快方向发展。与传统农业相比，由以体力劳动驱动为主转向智力劳动驱动为主。

　　当然，"北京人"及其后孙们在北京农业发展中的作为远不止这么一条红线，但这条红线却是探寻古今北京农业要绩的引子。沿着这条红线打开北京农业的历史篇章，一系列耀眼的星光便聚于眼前，顿时，会堆满你虚无的脑海空间——留下难忘的历史根脉！

编著者

2017 年 8 月于北京

目　录

第一章　北京农业的开拓者

农业是人类创业的启蒙杰作。北京农业的开拓者是"北京人"及其后代子孙们，包括新洞人、山顶洞人、东胡林人和转年人、上宅人。

第一节　北京的古人类

一、"北京人"

"北京人"始创了北京地区的旧石器和劳动的发端，开启了旧石器时代和采集渔猎农业。

1929 年 12 月 2 日，裴文中先生在周口店遗址发现了第一个完整的"北京人"头盖骨，这是在世界古人类化石研究史上划时代的重大事件。"北京人"在周口店一带的生活年代是距今 70 万年至大约 20 万年前，遗址上发现了 40 多个个体的人类化石，这在世界上是非常罕见的。

据考古研究，人类的诞生已有 200 多万年的历史，而"北京人"是原始人类发展过程中的一个中间环节。据对 40 多个个体人类化石的研究，他们的体质和外形已同现代人相差不多，脑量约为现代人的 80%。他们主要用右手进行劳动，能自由地直立行走，已经有了简单的思维能力和最初的语言。

"北京人"时代，北京地区的地形和现在基本一样，但气候比现在湿润温暖，山上林木繁茂，平原泽地草木葱茏，动物种类繁多。"北京人"依靠打制的石器和集群劳动进行采集和渔猎行动。在"北京人"洞穴中发现旧石器近10万件，猎食的动物残骸100余种。

"北京人"破天荒地在亚洲大陆上燃起熊熊篝火，并开始熟食。在周口店"北京人"居住洞穴外发现有用火烧过的灰层和兽骨；在洞穴内也发现有一堆堆很厚的灰烬、木炭、烧骨和朴树籽，这是"北京人"用火的遗迹。美国哈佛大学一位教授称"周口店遗址是人类进化史上一个非常重要的里程碑"[①]。

同时，在考古发掘中还发现原始人和一些动物（猪、狗）的共生关系，表明"北京人"已进入驯养动物的前期。

"北京人"以创造性的劳动克服了后人难以想象的困难，在远古亚洲的原野上揭开了人类历史的序幕。考古界称"北京人"化石和文化遗存之丰富，在世界远古人类发展史上是独一无二的。

二、"新洞人"

"新洞人"是在1973年发现的。这是距今大约20万年前的"北京人"进化而成的早期智人。

三、"山顶洞人"

"山顶洞人"与"北京人""新洞人"生活在同一座小山的不同山洞中，属于晚期智人，距今2万年左右。"山顶洞人"的猎物有50余种，这反映了狩猎技术的进步，已开始驯化猪、狗；出现了男女劳作分工——男的以从事渔猎为主，妇女以采集、做家务为主。开始注意

---

① 见《寻找"北京人"》（李鸣生、岳南，华夏出版社，2004）中的跋语

到植物种子落地后能长出同样的植物及果实，注意观察野生可食植物年复一年的生育现象。

四、"东胡林人"和"转年人"

"东胡林人"和"转年人"同属于距今1万年前发明新石器、开创"刀耕火种"原始农业的人们，他们分别居于现今门头沟区斋堂镇东胡林遗址和怀柔区转年遗址。两地均发现有经切、钻、琢、磨的新石器生产工具铲、锄及石磨盘、石磨棒、石臼、石容器等，还有距今1万年左右的陶器，但陶器的制作、烧制技术还很原始。所用的陶土夹粗沙，器壁较厚，手制。

五、"上宅人"

"上宅人"距今6 500~7 000年，属于新石器中早期，定居的村落已有相当发展，新石器农具种类多、数量大。出土新石器2 000余件，有石斧、凿、石磨、石铲、石锄；生活用具出土复原的有800多件，有罐、钵、杯、勺等。

新石器时代出现了"男耕女织"的社会分工。新石器前期是母系氏族公社，后期转为父系氏族公社，并逐步出现私有制。

新石器时期随着农业的发展，也带动了畜牧业的兴起。因为，农业可给畜牧业带来饲料。

第二节　北京原始农业的生产对象

关于北京地区原始农业的生产对象是什么？长期不解。直到2013年11月5日《北京青年报》刊登了《农作物里展现的北京进化故事》

一文，透露出环境考古学家在上宅遗址（属新石器中期）的剖面自下而上取了32个样进行孢子粉分析，在19个样品中发现数量不等的孢子粉。这些孢子粉属于禾谷类作物。再经采用最新的淀粉粒分析手段对遗址出土的石器表面残留物上提取出淀粉粒，分九类12种。经鉴定，淀粉粒中最多的是栎属果实（橡子），其次是粟。另有一定数量的黍和小豆属淀粉粒。仅此资料显示，粟、黍、豆（菽）已占神农"教种五谷"中的3种（另为稻、麻）。至于东胡林、转年2个原始农业发生地种的什么，尚不得知。从"北京人""山顶洞人"采集的有禾本科植物遗迹看，可能离不开粟或黍，有待深入发掘考证。

在《农作物里展现的北京进化故事》中还透露出，在房山区丁家洼遗址（属春秋时期）出土样品中检出粟、黍、大豆、荞麦、大麻等农作物遗迹。从现代科研认定粟是由狗尾草、大豆是由野生大豆驯化而来的论断判析，狗尾草自古以来遍布各地，野生大豆至今于房山区的百花山还有之。

第三节　北京原始农业的起始年代

直到20世纪末，人们谈到北京原始农业的发端几乎都认定是距今6 500~7 000年的上宅遗址出土的新石器和作物遗迹来判定。如北京市社会科学研究院于德源先生在《北京农业经济史》中记载道：上宅村遗址"在气候温和、湿润的第二期中的第五文化层上层出现禾本科作物花粉"。这说明最迟在距今6 000余年以前今北京地区已存在原始农业（据《上宅博物馆》陈列说明）。中国人民大学孙健先生在《北京古代经济史》① 中写道，1966 年北京市文物考古工作队发掘出土了距今 1 万年的"东胡林人"遗址，并把这里考定为新石器早期人类。笔下在叙述了新石器中期、晚期遗址和遗迹之后，论道："在新石器时代，北京地区的居民已经开始用石斧、石铲砍伐林木，芟除草莽，开辟田园，播种谷物，从事原始的农业生产"。此说正确但缺起点与时程，令人难以与其他原始农业足迹比较。

以上两说在于考古资料的短缺而致。本写作确逢北京大学基于 1966 年发掘东胡林遗址取得遗迹起，又于 2003 年、2005 年继续发掘，其出土资料远丰富于上述两说的资料。其间发掘者还于 2001 年做了孢子粉分析。北京大学王东、王放两位先生基于"东胡林人遗址出土的遗迹，经年代测定确认距今 1 万年，新石器早期"。他们在《北京魅力》② 中写道："约 1 万年前，从农业起源为本质内容的新石器时代革命，为原始社会过渡到文明社会，奠定了四大物质技术基础：农业、家畜、新石器、陶器四大技术创新。"而东胡林在 1 万年前，与农业起源直接相关的草本科——禾本科——藜科花粉比重显著增加；先后发现 9 件石磨盘、石磨棒；猪、狗都已有明显的家畜特征；陶器作为日常生活器皿出现（被称为"万年陶"）。因此，断定"门头沟东胡林——1 万年前中国北方农业起源的源头之一""也是中国北方家畜驯养的发源地。""在马、牛、羊、鸡、犬、豕这六畜中，有确凿证据表明：猪、狗这两种家畜的驯养起源，与北京所在的"Y"形地带③ 是息息相关的，甚至这里就是驯养过程的主要发源地。马、牛、羊、鸡的驯化

---

① 孙健主编.北京古代经济史［M］.北京：北京燕山出版社，1996

② 王东，王放.北京的魅力［M］.北京：北京大学出版社，2008

③ "Y"形地带即由 4 个曲型遗址——北京门头沟东胡林、怀柔转年、河北泥河湾于家沟、徐水南庄头组成（见《北京魅力》）

也与北京所在的"Y"形地带有较为密切的渊源关系"。

第四节　北京原始农业是"中国北方农业的源头"迹考

（1）京畿地处 200 万年前京西大峡谷的泥河湾。泥河湾—东胡林—周口店由桑干河、永定河连接构成京西河谷地带，被学界称之为"京西大峡谷"，与东非大裂谷—奥杜威峡谷并称为人类文化起源的东西两大源头（王东等，《北京魅力》）。据资料显示，"至 2000 年为止，中国发现百万年以上的古人类活动遗迹共 25 处，其中，21 处都集中在泥河湾，其他上述各处目前多半只是散见的个别发现"（同上）。

（2）周口店龙骨山"北京人"遗迹在"北京人"生活的时期是温暖湿润的，生态环境非常好。山上生长着茂密的森林、果树，东南面是河网密集、湖沼遍布的坦荡平原，植物茂盛，牛、羊、马等兽类成群，鱼虾繁多，成就了"北京人"的生生不息。在"北京人"时即已发明用火和保存火种。

（3）东胡林人遗址地处永定河水系和清水河畔台地，距今 1 万多年。在这里既发现有人类遗骸，又发现经切、钻、琢、磨而成的新石器——石刀、石斧、石磨盘、石磨棒、石容器石臼、万年陶等。同期新石器早期遗址还有怀柔区转年遗址，地处白河畔台地。到 20 世纪 80 年代末，京郊发现新石器时代中、晚期遗址有 40 多处[①]。

据考古界的公论——山前河岸台地是原始农业主要发源地。因为这里依山傍水，又居高地可避旱、涝之灾。农田生产和人们生活比较安全；新石器和火是从事刀耕火种式原始农业的表征。东胡林人遗址

---

① 北京市文物研究所 . 北京考古四十年 [M] . 北京燕山出版社，1990

出现的新石器距今1万多年，这在国内已见经传的农业遗址中所罕见甚至是不见的。在泥河湾21个百万年以上遗址中，尚未发现新石器和农业遗迹。

（4）中晚期新石器遍布在京郊不大的地域（16 807平方千米）上40多处，在国内也是罕见的。它表明北京原始农业的星火传承是广为的。

据学者依考古出土的涉农史迹研究认为，"北京人"早在旧石器时期早期就和不少地区发生了接触和交往，把自己的文化传播到南北各方。王光镐先生在《人类文明的圣殿——北京》中写道："根据目前可以确知的资料，'北京人'的影响向西北已远达内蒙古大青山一带，向东北远播到辽宁营口与本溪地区……在旧石器时代中晚期的辽宁喀左县大凌河西岸和鸽子洞遗址中，发现有数百件石器和石制材料，它们在种类、样式、尺寸乃至制作方法上都相当接近'北京人'文化，被认为是北京猿人文化向东北发展的重要一支"。至于向中原方向，贾兰坡先生据旧石器时代中期的山西高阳"许家窑人"在体质特征、石器类型、生产技术等方面都深受"北京人"文化影响的事实，认为"许家窑人"很可能就是北京猿人的直系后代（见《考古学报》1976年第三期，"阳高许家窑旧石器时代文化遗址"）。在河南安阳小南海北楼顶山发现的旧石器时代晚期洞穴出土了大量遗物，据分析，"整个小南海文化显示了遥承北京人文化传统发展起来的特点"[1]。有研究表明，"在北京周口店的山顶洞中汇聚了黄种人的若干不同'民族'，是最早的'多元民族'复合体。正缘于此，'山顶洞人'才表现出北京地区是联结南北各地远古人类的一大枢纽"[2]。王光镐先生在其书中提出中国

---

[1]　中国社会科学院考古研究所. 新中国的考古发现和研究［M］. 文物出版社，1984

[2]　王光镐. 人类文明的圣殿—北京［M］. 中国古籍出版社，2014

新石器文化的三大发掘潮流中其第一波浪潮的中心在北京，由"东胡林人"和"转年人"在距今1万年前发明新石器直到镇江营（北京房山区）一期文化，前后延续了近2 000年；此后，出现并驾齐驱的第二波浪潮，即北京的"上宅文化"与中原磁山、裴李岗文化的同步发展，距今8 000年左右；在距今7 000年左右中原仰韶文化一路领先，独占鳌头，在长达2 000余年的历史长河中缔造了无出其右的中华第一大文化；东北"红山文化"大体距今5 000年前，属于第三波浪潮。在这三波浪潮中，北京"东胡林人文化"属首波，并波及其余的两波之中。

可见，北京自古以来一直起着外向培育、内向聚敛的作用。

第五节　北京农业的转型

一、北京原始农业的转型

北京农业的第一次转型，即是由刀耕火种的原始农业转向以精耕细作为核心的传统农业。

按照马克思和恩格斯理论，"各种经济时代的区别，不在于生产什么，而在于怎样生产，用什么劳动资料生产。""铁使更大面积的农田耕作，开垦广阔的森林地区成为可能。"史学界对农业史的划分是以铁器农具的发明或改进与应用为拐点。在我国一般公认我国农业是从战国时期随着铁器和牛耕的出现与推广而进入到精耕细作的传统农业。就北京地区而言，似存在先传统农业阶段。据考古发掘，平谷区刘家河遗址出土有商代中期制造的铁刃铜钺。虽然其铁为陨铁锻造而成，但它和后来的冶铁一样具有较强的可塑性，制作农具锋利、成本低。至于在商代中期之后直至战国时铁器问世前普及到什么程度，尚无资料可查。但从一些史实来看，一项新创事物的出现虽不能在短期内普及，但也不致湮没。即便因陨铁来之不易，但铜钺铁刃的优越性会被人们认可，为后来铁器的问世开了道。据此分析，似可审慎地认为北京地区进入铁器农耕之前，还存在铜钺铁刃耕作的先导期。这是一般地区农史阶段性转折中所没有的事实。

二、北京传统农业的转型

关于由以经验为主的传统农业向以"科学技术是第一生产力"为主的集约型现代农业转型的问题，考证起来比较复杂。

第一，我国所提出的农业现代化是以国外发达国家农业发展现状为靶标的。当然，在这靶标中具有拐点意义的是机械化。19世纪后期，在法国和美国先后出现了蒸汽拖拉机和内燃拖拉机，使人类进入了利用机械动力从事农业生产的新阶段。

20世纪后半叶，美国、法国、日本分别于20世纪50年代、70年代和80年代全面实现了农业机械化。我国由毛泽东主席于1955年7月31日发表的《关于农业合作化问题》中郑重提出：要"在一切能够使用机器操作的部门和地方，统统使用机器操作，才能使社会经济面貌全部改观""估计在全国范围内基本上完成农业方面的技术改造，大概需要四个至五个五年计划，即二十年至二十五年的时间"。毛泽东先后在1966年4月13日和1968年12月19日的《人民日报》发出了"通过农具改革运动逐步过渡到半机械化和机械化""农业的根本出路在于机械化"的号召。1971年全国农业机械化会议上提出"在1980年完成毛泽东主席提出的'用二十年到二十五年时间基本上实现农业机械化'伟大战略任务"。

就北京市而言，从1952年起，西郊广源闸村即推广麦蚜车扑灭麦蚜，比人工捕打快 10 倍。1954 年郊区第一次采用小麦播种机播种；同年，拖拉机站为一个国营农场和 8 个农业生产合作社机播冬小麦 10 624 亩，比畜播小麦增产 12%。到 1975 年全市 278 万亩小麦中 90% 以上实行机耕机播。到 20 世纪 90 年代，全市小麦生产基本实现全过程机械化。到 1995 年玉米生产过程 60% 实现了机械化；蔬菜生产除收获外，到 20 世纪 90 年代基本实现机械化。若从新中国成立初推广新式农具算起到以玉米生产基本机械化（1995 年达 60%）为标志，北京农业基本实现机械化总共历时 40 年。

进入 21 世纪初，北京市即开始启动信息技术装备的农业机械化研究与应用，发展精准农业——大田精准耕作、播种、施肥、浇水、植保及收获；大型温室实现电脑调控与管理。这个过程大约到 2010 年，基本实现精准机械化，并在规模经营中得到应用。

第二章　北京农业的天时、地利与生物

农业是一个靠天吃饭的行业，"天""地""人"是农业生产中不可或缺的三大要素。我国古代关于农业的"天"与"地"有诸多论述。

《荀子·天论》曰："上得天时，下得地利，中得人和"才能"财货浑浑如泉源，沄沄如河海，暴暴如山丘"。

《吕氏春秋·审时篇》曰："夫稼，为之者人也，生之者地也，养之者天也"。

《齐氏要求》曰："顺天时，量地利，则用力少而成功多"。

《陈旉农书》曰："农事必知天地时宜,则生之蓄之，长之育之，无不遂矣。"

马一龙《农说》曰："合天时、地脉、物性之宜，而无所差失，则事半而功倍矣"。

这些古训告诫人们发展农业必须识天时，认地利，方可谋其农。

第一节　北京农业的天时

天时中与农业有关的四大要素是：光——农业的能源；气（CO_2、O_2）——农业光合作用的原料；温（热）——农业存在的条件；水——农业的命脉。在一定地区内或经纬度内，这4个因素的周年变化呈现一定规律，且相对稳定。但随着自然界的历史变迁也会发生变化，亦又轮回变化。

一、光

光是农作物进行光合作用的能量所在。本地区光照的日长和焦耳量是由太阳对本地区入射角的周年变化而变化。但在年度之间因太阳与地球之间相对位置稳定不变，因此，年度间光辐射总量变化不大。北京地区年平均日照时间为 2 700 小时；光能年总辐射量的平均值为131.1 千卡/平方厘米，最大值曾达 145.5 千卡/平方厘米（1962 年），最小值为 114.1 千卡/平方厘米（1985 年）。

二、气

就区域而言，大气中与农业有关的 O_2 及 CO_2 的比重大体是恒定的。季节之间或稍有差异，局地因小气候、小地形、植被及其覆被度不同而有所差异。

三、温（热）

在环境变化中温度或热量变化较大，且出现轮回反复。对地区气温变迁的起点时段，周昆叔先生提出"暂以形成人类社会和奠定现代水网和地貌的地质时代，即距今 10 000 年开始的全新时代为起点"[①]。在这个起点延伸时程中，邹宝山先生在《北京平原地区湖泊洼地分布特征及其与自然环境演化关系的初步探讨》中论述到："在距今 7 500~10 000 年，北京平原地区气温由年平均气温 4℃左右开始上升……至今2 500~7 500 年，气候温和湿润，年平均气温较现在高 2~3℃……大约距今 2 500 年以来，北京平原地区气温较前期下降"。在这之前周昆叔

---

① 侯仁之主编. 环境变迁—试论北京自然环境变迁研究 [M]. 海洋出版社，1984

先生在《环境变迁》文中写道：距今 240 万~300 万年的第四纪地质时代中最后一个冰期中约距今 3 万年是一个湿冷期。据推算，当时气温比现今低 7~8℃，即为 4℃ 左右。该期在华北地区大致距今 22 000~23 000 年结束，随后进入末次冰期中最盛期，即距今 15 000~22 000 年，该期气候特点是变得更冷而比现今要高 2℃ 左右。距今 2 500~7 500 年属中全新世……气候复变干凉。约距今 2 500 年以后，属晚全新世。据考证，这时温度有所下降，变幅 1~2℃。公元 8—12 世纪出现"小适宜期"；15—19 世纪出现"小冰期"；从 19 世纪下半叶至 20 世纪上半叶，年平均气温有所上升，其变幅大约有 0.5℃[①]。

纵观近 5 000 年来，从原始社会的仰韶文化时代到奴隶社会的殷墟时代，北京地区的气候变化是 5 000 年来的最暖时期，其间年平均气温比现在高 2℃ 左右。之后，气候冷暖交替。秦汉、隋唐、元初几个时期比较温暖，周初、三国——六朝、南宋、明清几个时期比较寒冷，最冷时期出现在公元前 1000 年、400 年、120 年。

近现代，北京平原地区年平均气温在 11~12℃，城区略高于 13℃，海拔 300~500 米山间盆地为 8~9℃；海拔 500 米以上地区在 8℃ 以下；海拔 2 000 米以上的山巅为-1~0℃。年平均气温 8℃ 等值线基本上与三面环山山脊走向一致。

年极端最高气温出现在 6 月上旬至 7 月上旬，平原地区极值多在 35~40℃ 之间；年极端低温出现在 12 月下旬翌年 1 月下旬，平原地区在-20~14℃。

10℃ 以下的冬季几乎占了半年时间，受此影响全年无霜期为 180 天。平原地区全年>10℃ 的积温 4 100~4 200℃。

---

① 侯仁之主编 . 环境变迁—京津地区自然环境演变与人类活动的关系 [M]. 海洋出版社，1984

在天时中与农业相关的因素中，光、气、温（或热）相比较，光、气相对稳定，而温度的变化较大，且具不确定性，如寒冬或倒春寒、夏季干热风、秋季早霜等时有发生，对农业的露地生产危害较大。

四、水

水是农业的命脉。根据水的来源，可分为降水、地表水和地下水。

1. 降水

北京地区的降水有 3 种形态：一是降水。一年四季都有，但主要集中在每年的 7—8 月，年降水量在 500~700 毫米，多雨和少雨地区相差 400 毫米左右。二是降雪。北京地区降雪大多从 11 月下旬到翌年的 3 月中、下旬。积雪深度大部分地区 15~20 厘米。冬季降雪对农业来说是利大于弊。三是冰雹。这是北京地区夏季多见的灾害性降水。为了减轻其危害，现代人们已运用人工防雹技术来消雹。

2. 地下水

本地区储量大约为 40 亿立方米。

3. 地表水

北京的地表水包括水库、河流、泉水和过境水。

（1）水库蓄水。新中国成立后至今，北京共建有 88 座（大中小）水库，总库容约 94 亿立方米。

（2）河流。北京共有流域面积 10 平方千米及以上的河流 425 条，总长度为 6 414 千米；流域面积 50 平方千米及以上河流 108 条，总长度 3 619 千米；流域面积 100 平方千米及以上河流 59 条，总长度 2 712 千米；流域面积 200 平方千米及以上河流 29 条，总长度 1 839 千米；流域面积 500 平方千米及以上河流 13 条，总长度 1 196 千米；流域面积 1 000 平方千米及以上河流 9 条，总长度 974 千米；流域面积 3 000 平方千米及以上河流 2 条，总长度 432 千米。

（3）泉水。据 1970—1980 年普查，全市旱季能测出流量的泉共1 246 眼，总流量为 2 亿立方米。尚存较大出水量的泉都在山区县，共有 25 处。其中，泉水量大于 100 升/秒的 15 处，30～100 升/秒的10 处。

（4）过境水。古近代时上游地区几无截流工程，进入现代特别从20 世纪 70 年代以来连续干旱少雨，蓄水工程普遍上马，过境水日益减少。北京地区河流干涸断流频频出现。农田沟渠全部枯竭。据《北京日报》2014 年 4 月 28 日刊载的《北京历史上的水》一文中记载：1949年人均水资源量为 1 180 立方米，目前（2015 年）只有 124 立方米。

第二节　北京农业的地利

常言道：“万物土中生”“有土斯有粮”。地是农业的根，即便是采用植物工厂进行无土栽培，其设施装备的支撑也要靠地。

土地是由地壳经自然演化和人工培育而形成的农业生产力中最基本的要素，马克思称其为“劳动对象”。地球诞生于 47 亿年前，地壳经几十亿年自然力的作用与风化形成松散细碎的土，土再人工培育成壤，历经 1 万多年。我国春秋之前的《周易·离·辞》中就讲道：“辨十有二土”和“辨十有二壤”，将土和壤作了明确的区别。西汉司农郑玄释曰：“以万物自生焉，则为土；土，吐也”。“以人所耕而树艺焉，则言壤；壤，和缓之貌。”就农业来说，地演化为土与壤即为地利也。

关于北京地区的地利，史书多有记载和评说。

西汉·司马迁在《史记》中写道：“夫燕……南通齐、赵，东北边胡……北邻乌垣、夫余，东绾秽貉、朝鲜、真番之利”（《货殖列传》，卷 129）。

清·于敏中在《日下旧闻考》中写道："幽州之地，左环沧海，右拥太行，北枕居庸，南襟河济，诚天府之国""北则居庸耸峙，为天下九塞之一。悬崖峭壁，保障都城，雄关叠嶂，直接宣府，尤重镇也。西山秀色甲天下，寺则香山、碧云，水则玉泉、海淀，而卢沟桥关门巍立，即古之桑干河，京邑之瀍涧也。畿南皆平野沃壤，桑麻榆柳，百昌繁殖。渐远则瀛海为古河济交汇处，水聚溪回"。

《大金国志》："燕京地广土坚，乃礼仪之邦。"

《契丹国志》：南京（今北京）地区，"水甘土厚"。

正是这种富有特色而多样性的地利留住了远来的类人猿，在这里安营扎寨生息、繁衍，并进化成"北京人""新洞人"（早期智人）、"山顶洞人"（晚期智人）"东胡林人"（始创业人）直至现代人。

人类的初始演化得有 3 个前提：一是前宗物种——据研究资料显示，"北京人"的前宗是拉玛古猿迁徙而来并演化而成；二是依山傍水的适宜环境；三是有丰富的食物支撑。

北京地区自古以来得天独厚的具有这 3 个条件：一是有由拉玛古猿进化而来的"北京人"；二是在地理环境上，西边有南北走向的太行山与穿越其间的桑干河和永定河，并称京西大峡谷，沿途山清水秀，周口店遗址属于山前暖区，依龙骨山，傍拒马河（属永定河水系）水，面向平原，古为湿地；三是在食物支撑上，山上林果丰硕，河涧鱼虾丰盛，平原谷食丰盈，山、水、平原禽兽兴旺，正是早期原始人类生息繁衍的好地方。

一、北京发展农业的"地利"优势

（1）西部太行山与北部的燕山构成的"北京湾"既是平原防风挡

沙的屏障，又是涵养水土、草木并荣的绿色银行与长城。在漫长的古代，构成北京湾的两条山脉是青翠的原始森林或草场。直到辽金入主北京兴建都城，特别是元、明、清三朝为建王朝不惜大兴土木砍伐林木，使千古原始森林消失，出现大范围连片荒山秃岭，到 1949 年，林木覆盖率只有 1.3%。新中国成立后重新开展绿化，北京大搞植树造林。到 2013 年，全市森林覆盖率达 40%，林木绿化率达 57.4%。城市绿化覆盖率达到 46.8%①，人均占有公共绿地面积 15.7 平方米。密云、怀柔山区森林覆盖率达到 75%以上。

（2）京华人地河道纵横，自古以来以"甘水"滋润着"厚土"形成"沃野千里"。

（3）山地、河谷、盆地、丘陵、平原、湖沼、泽地等地形俱全。北京市属地面积 16 807 平方千米，其中，山区面积占 62%，平原占 38%。自古以来山区以林木果品及旱作农业为主；平原以粮菜、油料等为主。河谷湿地地域，在古代温暖期生长有象、鹿、犀等动物及鱼类；气候变冷后，象、犀消亡，鱼虾成为古代渔业的主角。如今，地处于北纬 40°的北京地区，农、林、牧、副、渔五业俱全，耐寒的冬小麦、喜温的玉米、水稻都能生产，并且质佳、高产；水生植物亦呈多样性。

（4）土地资源复杂多样。无论从以"北京人"后裔在北京地区应用旧石器（早、中、晚）、新石器（早、中、晚）遗存的遗迹分布（已发掘出土）看，还是燕国都城腹地范围看，与今日北京的地盘大体相当。就在这不大的地盘（只占全国总面积的 0.17%）上土地类型呈多样化，山地有石灰岩为主的石灰性土壤，有硅酸岩为主的偏酸性土壤（适合种板栗）；平原地区主要为石灰性偏碱土。

---

① 《京郊日报》2013.2.23

（5）物种多样。据王永昌先生研究"北京人"生活的时期是温暖湿润的，大地的生态环境非常好，当时的龙骨山和西边的高山连在一起，西和西北边的高山上是茂密的森林，有常绿的松柏、落叶的桦树和椴树，还有板栗、榛子等各种果树。周口店东南边和南边是河网密集、湖沼遍布的坦荡平原，河湖岸边长满各种水草，丰沛的牧草养育了成群的牛、马、羊，还有今日属于热带或暖温带的动植物，诸如水牛、大象和犀牛、大熊猫、安氏鸵鸟等。在龙骨山发现的古脊椎动物有100多种。从出土的遗迹中科学家们发现，这时期龙骨山地区既有喜暖生物，亦有喜寒生物，说明这里的自然生态条件是复杂多样的，不同生物可以有适合本物种生息、繁衍的地盘（天地）。

由于北京地区的地缘复杂且多样化，引入的动植物种类都能在这里找到适生地。在历史上。神农教种的"五谷"，北京地区都可找到踪迹；从春秋起，从齐国（现在山东地区）引进蔬菜品种和种植技术，在这里几乎都能"安家落户"；西汉时从西域引进汗血马在这里亦能生息繁衍；五代时引进西瓜品种即就地生产成功，并传承至今。总之，自汉代以来的各朝各代都有从国内外引进名特优新动植物良种和先进的农业科学技术，在这块土地上都因地制宜地扎下了根，给本地区产出新产品，给人们带来新口福，给工业带来新原料，如棉花，胡麻等。

古人云，"橘生淮南为橘，生于淮北则为枳"，其原因为"水土之异也"。北京地处北温带，一年中约有近半年低温寒冷，而土质又多偏碱性。这对于喜温和偏酸性土的热带水果的生存是不利的。但进入现代，随着科学技术的发达、进步，利用设施来改变小气候、改变土壤的酸碱度（使其偏酸性），不但橘生淮北仍为橘，其品质（甜度）还远高于原产地的橘。这是因为北京地区光照充足，光合作用强；昼夜温差大，光合物质转化、积累效率高。设施农业的发展使北京地区的南果北种大获成功，在北方的温室里也能采摘到原产于南方的热带水果。

二、北京的土壤分类

关于土地的分类：在《禹贡》和《周礼》中都把北京地区归于冀州或幽州地域内进行评级分类。当时对"九州区划"中将田地按土质性状和地力上、中、下分成三级，每级又按上、中、下分成三类共九类，即统称之为"三级九类"。当时，冀州或幽州范围被划为"中中"，即二级五类——属于"白土或白壤"即盐碱地。因北京小平原是由沧海被泥沙沉积而成，古代地下水丰富，在土壤水分蒸发中盐随水上升至地表并成白色盐碱。之后虽有朝代如西汉也行土地分类，但未见有关北京地区的资料。1984 年，北京市农业区划办公室在《北京市农业综合自然区划》中列出本市土地等级，即 8 个土类、21 个亚类、65 个土属、198 个土种。Ⅰ-Ⅷ等级土地的面积及所占比重，如下表所示。

表　北京土地等级分类及面积

等级	面积（亩）	占比（%）	等级	面积（亩）	占比（%）
Ⅰ等级	265 928	10.79%	Ⅴ等级	7 179 654	29.14%
Ⅱ等级	2 195 385	8.91%	Ⅵ等级	3 415 515	13.86%
Ⅲ等级	3 832 980	15.56%	Ⅶ等级	416 625	1.69%
Ⅳ等级	4 322 655	17.54%	Ⅷ等级	86 700	0.35%

1988 年出版的《北京市农业资源与区划图集》列定 7 个土类、18 个亚类、62 个土属。7 个土类是山地草甸土、山地棕壤、褐土、潮土、沼泽土、水稻土、风沙土。其分布规律是：草甸土分布于海拔 1 900 米以上山地平台缓坡，植被为杂草草甸；仅占全市土地总面积的 0.1%；棕壤主要分布在海拔 800~1 900 米的中山山地，占总量的 7.2%；褐土

主要分布在海拔 800 米以下的广大低山区，占总量的 55%；潮土主要分布在东南部及东部冲积平原，占总量的 24.7%；粗骨土主要分布在低山丘陵的陡坡及顶部，占总量的 7.31%。

第二次土壤普查报告表明，全市 2 464.1 万亩（15 亩＝1 公顷。全书同）土地中，耕地占土壤总面积的 30.9%——其中，平原地区和山区耕地占土壤面积的比重分别为 65.4% 和 17.8%。有史以来调查显示本市土壤面积占全市土地面积、耕地面积占土壤面积的比重尚为首次。

现今，北京地区土壤的分布规律是：山区主要土壤类型是棕壤、淋溶性褐土、褐土及粗骨型土壤；平原区主要土壤类型是潮土、砂姜潮土、褐潮土、潮褐土及褐土等。

三、北京的特产之乡

物华天宝，京华大地继古开今，使一些乡村物产久负盛誉，成为名特产之乡：

（1）大兴区庞各庄镇种植西瓜历史悠久，明朝时西瓜被列为贡品，现称"西瓜之乡"，已有 600 多年历史。

（2）怀柔区盛产板栗，是古今栗出口产品基地之一，史为贡品，至今还存有明代板栗园（九渡河），被誉为"板栗之乡"。

（3）大兴区安定镇保存有汉代古桑园，盛产白色桑葚，史为贡品，现称"桑葚之乡"。

（4）大兴区采育镇、通州区张家湾镇、延庆区张山营镇果以葡萄著称，被称为"葡萄之乡"。

（5）平谷区自古种桃，至今全区桃树种植面积 20 万亩，200 多个品种，被称为"大桃之乡"。

（6）门头沟区军庄镇东山村盛产"京白梨"已有 300 多年，被称为"京白梨之乡"。

（7）怀柔区桥梓镇有枣园上万亩，品种100多个，被誉为"京郊大枣第一镇"。

（8）昌平区崔村镇以生产富士苹果著称，面积达6 000多亩，年总产达800万千克以上，被称为苹果之乡。

（9）昌平区兴寿镇设施种植草莓四五千亩，20多个品种，年总产150万千克，被称之为"草莓之乡"。

（10）房山区张坊镇大峪沟已有600多年植柿历史，古为贡品，被称"磨盘柿之乡"。

（11）昌平区流村镇有香椿树30万株，已有100多年历史，被称为"香椿之乡"。

（12）门头沟区樱桃沟村种植樱桃1 000多亩，已有800多年历史，古为贡品，被称为"樱桃之乡"。

（13）怀柔区雁栖湖镇利用百里冷泉水饲养虹鳟鱼，建成旅游"不夜谷"，号称"虹鳟鱼之乡"。

（14）密云区东邵渠乡石峨村种植御皇李上万亩，古为贡品，被称为"李之乡"。

（15）密云区黄土坎村种植鸭梨2 000亩，古为贡品，清乾隆尝后称之为"梨中之王"，现称该村为"梨王之乡"。

（16）平谷区北寨村盛产红杏，现有面积万亩，古为贡品，被称为"北寨红杏之乡"。

（17）门头沟区涧沟村种植玫瑰花万亩，已有千年历史，古为贡品，是"京八件"点心的必要原料，现称"玫瑰花之乡"。

（18）门头沟自古盛产核桃，古为贡品，被称"核桃之乡"。

（19）海淀区玉泉山一带自古盛产稻米，并为贡品，被称"京西稻之乡"。

（20）大兴区南海子古为皇家狩猎园，现为麋鹿园，被称为"麋鹿之乡"。

（21）延庆区永宁镇以制作豆腐著称，已有近 2 000 年历史。民间传说："从南京到北京，要吃豆腐到永宁"。

（22）丰台区黄土岗乡现改为花乡，种植花卉已有 700 多年历史，盛产十大名花——月季、菊花、芍药、白兰花、桂花、梅花、茉莉花、一品红、石榴花、碧桃花，植花上千种，被称为"花卉之乡"。

这种以"一品为主"的专业村，京郊有之，不一而足。除此之外，北京地区作为历史古镇和六朝古都，京畿至今留下古树名木 4 万多株，居全国省市区首位。被称为"古树名木之乡"。

四、北京农地的生产力

1. 古籍记载

《周礼·职方氏》记载："幽州……其谷宜三种。"西汉司农郑玄注："三种，黍、稷、稻"。

《战国策》记载：燕"粟支十年"（意即燕国藏粟可作 10 年支出之用）。

《史记·货殖列传》记载：燕"有枣栗之利，民虽不田作而枣栗之实足食于民矣，此所谓天府也。""燕秦千树栗……此其人皆与千户侯等"。

《密云县志》载："密云产枣，小者佳"。

《诗草木鸟兽虫鱼疏》载："五方皆有栗，惟渔阳、范阳栗甜美味长，他方者悉不及也"。

《晏子春秋·内篇杂上》"丝蚕于燕"，《庚子山诗》："桑叶纷纷落蓟门"。

《王介甫诗》："幽燕桑叶暗川原。"这些诗言话语都反映燕地盛产
丝蚕。

《左传》："冀之北土（燕），马之所生"。

《周礼·职方氏》："东北曰幽州……其畜宜四扰。"郑玄注："四
扰，马、牛、羊、豕"。

《尔雅·释地》："北方之美者，有幽都之筋角焉"。

《顺天府部杂录》："（北京草桥）居人以种花为业……有莲池香闻
数里，牡丹、芍药栽如麻"。

（清）《学圃杂疏》："黄瓜出燕京者最佳"。

《水经注·鲍丘水注》："水流乘车箱渠……凡所润含四五百里，所
灌稻田百万余亩，为利十倍"。

《册府元龟》：唐代"引卢沟水，广开稻田数千顷，百姓赖以丰
给"。

《契丹国志》：南京"蔬蓏果实、稻粱之类，糜不毕出。桑柘、麻
麦、羊、豕、雉兔，不问可求"。

《群芳谱》（明）："苹果，出北地燕赵尤佳"。

《日下旧闻考》："丰台为近郊养花所，培养花木，四时不绝"。

《潞水客谈》（清）："西山（房山）大石窝所收米最称佳美"。

《清圣祖实录》："水利一兴，田苗不忧旱涝，岁必有秋，其利无
穷"。

《光绪昌平州志》：鲤"出沙河者佳，……味甘美，特异他处。"
"蟹虾，出沙河者佳"。

北京古籍载："京都花木之盛，惟丰台芍药，甲于天下"。

2. 新中国成立后的生产实践

近65年来北京地区在科学技术的推动下，粮食生产不断刷新高产

纪录。

小麦：1928 年，顺义、怀柔两县平均亩产最高为 50 千克，1949 年全市小麦平均亩产 31 千克，到 1978 年则提高到 226 千克；2012 年，北京市农业技术推广站在房山区窦店村二农场 253 亩高产试验，2013 年平均亩产 577.8 千克，2014 年平均亩产 681.8 千克。

2014 年，全市 16 个高产创建点总面积 6 361.0 亩，平均亩产 526.8 千克。平均每平方水产出小麦 1.9 千克。

玉米：从 1949 年到 20 世纪 70 年代大致是每 10 年亩产提高 50 千克；进入 80 年代平均每年亩产提高 10 千克；1994 年平均亩产 480 千克，比 1949 年提高近 7 倍；2012 年，在高产创建示范中 100 个高产户平均亩产 651.7 千克，其中，春玉米 778.9 千克，夏玉米 588.4 千克。玉米在北京地区最高单产记录是 1 319 千克/亩① （1993 年，延庆）。

2011 年延庆区 31 万亩玉米总产量 1.55 亿千克，平均亩产 500 千克，最高亩产量 942.44 千克，创下 1998 年以来的最高纪录。康庄镇马坊村董文柱 6 亩玉米亩产 900 多千克②。

房山区范学连 2011 年 800 亩小麦、玉米上下两茬平均亩产 1 250 千克③。

1994 年，全市出现"吨粮田"（即亩产吨粮）面积达 70 多万亩④。

2008—2014 年，北京市农业技术推广站开展了黄瓜、番茄、茄子和辣椒的高产创建。6 年中累计建立高产示范点 1 672 个，以采用优良品种、新技术和周到的技术服务，在最高单产方面实现了新的突破，

① 引自赵久然. 玉米研究文集 [M]. 中国农业科技出版社，2007
② 见《京郊日报》2011.11.5
③ 见《北京日报》2012.2.7
④ 宋秉彝. 现代化吨技术与实践 [M]. 中国农业科技出版社，1995

2011 年创造了大棚越夏黄瓜 18 621.7 千克/亩的记录，2014 年刷新了温室冬春茬黄瓜、番茄和越夏辣椒的高产纪录，亩产分别达到 25 984 千克、25 084 千克和 17 192 千克。

高产创建带动全市黄瓜、番茄、茄子和辣椒 4 种果菜平均单产大幅度提高，2013 年年底分别达到 4 394 千克、4 557 千克、3 817 千克和 3 856 千克，分别较 2008 年提高 28%、20.6%、17.4% 和 28.5%。

2014 年 97 个示范点，不同作物、不同茬口的 4 种果菜加权单产达到 10 213 千克/亩，较 2013 年增产 8.4%，较 2008 年度增产 50.1%，平均增长 10%。

3. 北京农地的生产潜力

1964 年，中国科学家竺可桢先生在《论我国气候的几个特点及其与粮食生产关系》一文，引入中国科学院植物研究所副所长汤佩松先生《从植物的光能利用率看提高单位面积产量》（《人民日报》1963 年 11 月 12 日第 5 版），其结论是"从植物生理眼光来计算得出华北地区最高水稻产量为 1 250 千克/亩"。同文中还介绍了中国科学院化工冶金研究所所长叶渚沛先生从土地肥力的角度来计算单季稻最高亩产量可达 1 247 千克。

1994 年，北京市农林科学院作物研究所在《粮食高产理论与对策的研究报告》中指出："根据联合国 FAO 生态区域法计算，北京平原地区只要热量充足，生产条件较好，技术水平较高的地方基本都具有亩产 1 000 千克以上的光温水土潜力，一季春玉米可实现亩产 1 000 千克产量水平。小麦、玉米、水稻的光温水土潜力分别为 518 千克、725 千克、673 千克""在进一步提高科学种田水平条件下，今后它们分别还有 32%、56% 和 42% 的增产潜力可挖"。

2007 年，北京市农林科学院综合所《北京都市型现代农业"221

行动计划"郊区资源底牌调查报告》中对郊区山区耕地作物生产力作出评估,指出:小麦自然生产力空间分布,平谷、密云和怀柔平原部分的自然水土生产潜力最高,分布在 2.6~3 吨/公顷,其次是房山、昌平的平原部分,分布在 2.2~2.6 吨/公顷,各区县山前丘陵台地和延庆盆地位于第三,分布在 1.5~2.2 吨/公顷。

第三节 北京农业的生物资源

生物资源是创立、创新与发展农业生物的基础。原始农业就是由野生动植物资源经人工驯化、培育而来的。现代农业生物是由再创性农业生物资源培育进化而来。当然,也有野生生物资源的再利用。生物资源也是自然的、人文的生态环境要素中不可或缺的、具有生灵气息的重要因素。

北京所属地域不大,只有 16 807 平方千米,占全国国土面积的0.17%。可因地形、地貌和环境条件的多样性,就形成生物资源多样性,为农业生物多样性奠定了基础。

一、野生生物资源的多样性

1. 野生植物资源多样性

据中国生物多样性保护基金组织的调查(2003—2005 年)报告显示,北京市植物物种有 3 289 种(含变种或亚种),其中,维管束植物2 263 种,非维管束植物 1 026 种。据调查者们计算,在仅占全国国土面积 0.17%的京华大地上,维管束植物总种数即占全国的 6.7%,科数占全国的 48.8%,属数占全国的 21.5%。

北京市园林绿化局于 2003—2005 年和 2007—2010 年组织的《北京

市植物种质资源调查》，先后发现了 3 属 14 种及 10 个野生植物新种：鞘舌卷柏、唐松草、长喙唐松草、狭叶黄芩、旱榆、回旋扁蕾、一枝黄花、卷丹、萱草和冰草等。在 2 263 种维管束植物中，乔木 237 种，灌木 244 种，藤木 45 种，草木 1 637 种。

北京市水土保持工作站调查本市的水生植物有湿生植物、挺水植物、浮叶植物、沉水植物和漂浮植物五大类，共 51 科，83 属，147 种。

北京地区特有的植物有北京粉背蕨、铁角蕨、槭叶铁线莲、北京水毛茛及百花山葡萄等五种。

有国家级和市级珍稀濒危植物 93 种，隶属于 44 科 81 属，其中，特别珍稀濒危野生植物有扇羽阴地蕨、槭叶铁线莲、刺楸、轮叶贝母、紫点杓兰、大花杓兰、杓兰和北京水毛茛共 8 种①。

在野生植物中有观赏植物 533 种，观果植物 64 种，有入侵倾向植物 96 种；野生药材植物 341 种②。

在非维管束植物中有大型真菌和地衣共 348 种。

2. 野生动物资源多样性

有原生动物 232 种，棘头动物 3 种，线形动物 81 种；海绵动物 3 种，扁形动物 48 种，腔肠动物 1 种，轮虫动物 67 种，苔藓动物 3 种，环节动物 30 种，节肢动物记录数据 2 038 条。其中，昆虫纲 1 967 种；蜱螨 71 种，有传粉昆虫 160 余种；天敌昆虫 500 余种；野生鱼类 84 种；两栖动物 19 种；爬行动物 36 种；哺乳动物 120 种。

鸟类（有记录）396 种，其中，留鸟 57 种，夏候鸟 110 种，由北向南迁的冬候鸟 55 种，由南向北方迁徙经过的旅鸟 196 种。

---

① 见北京野生动物保护协会. 北京珍稀濒危及常见野生植物 [M]. 中国三峡出版社，2008

② 见《北京林业大学学报》，2011 年增刊

有国家保护的鸟类 65 种，北京市级保护鸟类 111 种，国家Ⅰ级保护的 11 种，Ⅱ级保护的 54 种；北京市Ⅰ级保护的 27 种，Ⅱ级保护的 104 种。

3. 微生物资源多样性

北京市水利局于 2003 年编印的《北京常见的水生动物及微生物》（内部资料）记载：常见水生动物 322 种，微生物中细菌、放线菌、真菌和酵母菌 4 类共 45 属。

二、驯生生物资源

1. 农作物种质资源

到 2010 年之前，中国农业科学院在京种质资源库藏 40.18 万份，其中，玉米 5.29 万份，小麦 7.11 万份，大豆 3.19 万份，水稻 2 500 份，蔬菜 5.04 万份，西瓜、甜瓜 3 600 份，草、花卉 4 600 份，其他杂粮、棉花、油料、麻类、烟草等 18.46 万份。北京市农林科学院于 20 世纪 80 年代建立的蔬菜种质资源中期库，到 2010 年收藏蔬菜种质资源 3.1 万份，其中，国外资源占 29.8%。另外，按专业保存小麦 1.25 万份，玉米 5 000 份，杂粮 2 500 份，草类 500 余份，果树资源 1 500 余份。

闪崇辉主编的《北京名果》记载了 13 种果树、320 个名果，其中，桃 49 个，葡萄 46 个，梨 35 个，苹果 29 个，柿 7 个，枣 31 个，杏 38 个，樱桃 19 个，板栗 8 个，核桃 18 个，李 12 个，桑葚 16 个，山楂 12 个。

据北京市农委主编的《北京市农村产业发展报告（2009）》，2007—2008 年营造的"十大果树主题公园面积 18 228 亩，品种 993 个"。《北京日报》（2010 年 06 月 21 日）报道，"全市果树栽培品种已达 3 000 多个"；怀柔区板栗试验站保有良种 80 多个；平谷"大桃之乡"拥有白桃、黄桃、蟠桃、油桃四大系列，桃品种218个；丰台世界花卉大观园有花卉资源1 800多个。海淀区植物组培中心有乡土花卉资源130种；药用花卉90种，食用花卉28种，饲用花卉9种，芳香类花卉8种。北京市农林科学院有欧李资源49个，菊花品种和品系2 327份，其中食用的23种，茶用29种，药用3种，观赏用2 195种。中国医学科学院北京药物研究所收集保存的药用植物1 641种（2010年）。

2. 驯生动物资源

据《北京生物多样性现状调研报告》，北京地区常见家养动物和实验动物共169种（2005年），其中，家畜44种，家禽33种，水产31种；试验动物和宠物9种。家畜中，牛9种，猪8种，马2种，羊10种，其他15种；家禽中，鸡26种，鸭7种。人工繁殖天敌昆虫约35种。

3. 驯生微生物资源

中国工业微生物菌种保藏管理中心（CICC），到2010年保藏国内外工业用微生物菌种10 153株，30余万备份，其中，细菌4 445株，酵母菌3 222株，大型真菌266株，基本覆盖了食品和工业发酵行业。

中国农业微生物菌种保藏管理中心（CACC），到2010年，库藏资源共603属，2 199种，11 970株菌种，约30万份。

国家兽医微生物菌种保藏管理中心，到2010年，收集保存菌种230余种（群），3 000余株。

中国药用微生物菌种保藏管理中心（CPCC），到2005年保藏菌株10 000多株。

北京市农林科学院植保所，2002—2010年，共保藏微生物菌株10 187株，其中，放线菌1 500株，真菌6 800株，细菌1 887株，食用菌（真菌）500份。

三、有关出版物和印迹基地

1. 出版物

（1）雷霆，等.北京湿地植物研究.中国林业出版社，2010.

（2）闪崇辉.北京名果.科学技术文献出版社，2004.

（3）崔国发，等.北京山地植物和植被保护研究.中国林业出版社，2008.

（4）季延寿，等.丰富多彩的北京生物多样性.北京科学技术出版社，2008.

（5）王小平，等.北京森林植物图谱.科学出版社，2008.

（6）李景文，等.北京森林植物多样性分布与保护管理．科学出版社，2012.

（7）北京市种子站.北京种业五十年.中国农业科技出版社，2003.

（8）北京市水利局.北京常见水生动物及微生物.内部资料，2003.

（9）北京市水土保持工作站.北京地区水生植物资料汇编.内部资料，2003.

（10）北京野生动物保护协会.北京珍稀濒危及常见野生植物.中国三峡出版社，2008.

（11）张一帆，等．北京农业上下一万年追踪.中国农业出版社，2012.

2. 印记基地

（1）京郊十大主题观光果园。

（2）丰台区草桥"世界花卉大观园"。

（3）昌平区小汤山"特菜大观园"。

（4）延庆区张山营"世界葡萄园"。

（5）百花山、松山等自然保护区;。

（6）怀柔区喇叭沟门"濒危植物园"。

（7）通州于家务"国际种业科技园"。

（8）通州"观赏鱼基地"。

（9）汉石桥、野鸭湖等湿地保护区。

（10）北京植物园。

（11）北京动物园。

（12）顺义小店种猪基地。

（13）首农集团种公牛站。

第三章　北京的水资源与农业灌溉

水是地球的乳汁、生命的源泉、农业的命脉。研究认识与善于用水是呵护地球、维持生命、发展农业永恒的议题。其间人类总是注意量水善治和运筹利用。春秋战国时期许多思想家就对水之为利颂扬备至。老子在其《道德经》中写道："上善若水，水善利万物而不争"；《管子·水地篇》："水者何也，万物之本源，诸生之宗室也"；《淮南子·原道训》视水为"至德"："水可循而不可毁，故有像之类莫尊于水"。我国从传说时代的大禹治水开始，历代善治国者均以治水为重。秦皇汉武、唐宗宋祖及清朝的康熙、乾隆等所创"盛世"局面，无不得力于对水利建设的重视及其成效。

第一节　北京的水资源

北京地区历经丰水而呈"风水之地"渐至严重缺水的困境，其间有着深刻的天时（气候）与地质的变迁而至。就水资源量的变迁看，北京地区历经了由海量（洋）—河、湖，沼泽地——河湖枯竭、塘泽干涸。

一、历史上的富水区

北京地区在历史上曾经是富水区域。据《房山自然资源与环境》

记载，在太古宙（距今 26 亿~38 亿年），北京地区当时是一片深浅多变的海洋；大约在 20 亿年前（也有资料记载 17 亿年前）北京地区发生了 1 次翻天覆地的地壳运动，运动的结果是地壳大幅度下降，海水大面积侵入，原来的陆地变成了"汪洋大海"，使古老的北京地区除了山麓、丘陵、高地外，就是水的世界。"这次海侵大约持续了 10 亿年的时间"①。在距今 3.5 亿~6 亿年间的下古界，北京地区经历 3 次大的沉降海侵和两次普遍抬升，这就意味着本地区水资源，有 3 次扩增，两次缩减。

距今 7 000万年至 8 000万年的燕山运动使西部随太行山脉向上隆起，而东部向下沉降为华北大平原的北京湾（西部太行山山脉与北部东西走向燕山相交于南口构成北京湾）。距今 7 000 万年、1 000 万~ 2 000万、4 万年左右，北京西山、燕山经过 3 次大的隆起，而北京湾东南方向经过沉降，成为海底平原。在距今 200~300 万年前，这里还是一个海湾，一片海水荡漾。在距今 100 万~200 万年的第四纪时期，由于构造运动和气候变迁发生一系列重大环境变化。地壳的差异性升降运动，引起地面出现较大幅度的分异，燕山、太行山地区处于总体上升，构成海拔 1 000~2 000 米的山地和海拔 1 000 米以下的低山丘陵，局部地段陷为盆地。全市地势由西北向东南逐步降低和相对下沉，并不断接受山区流来松散沉积物的堆积，形成了如今海拔低于 100 米的北京小平原，出现了"沧海变桑田"。距今 2 000 多年前，北京小平原还是泽地千里。

且不说青铜时代以前，这里是天然水网纵横、湖泊沼泽密布的水乡之地；就是在燕王分封，蓟城兴起之后直到明清相当长的历史时期

---

① 王永昌. 山水北京［M］. 北京工业大学出版社，2007

内，这里优良的水源和水利条件仍是吸引许多王朝在此相继封侯建都的因素之一。远在公元前 11 世纪初，北京原始聚落——蓟城，就曾以莲花池，作为城镇供水的水源地加以利用。直至今日尚有湖沼泽地 40 多万亩，占全市总土地面积的 1.6%，为平原面积的 3.8%[①]。

总的看，古近代北京地区尽管存在或长或短的旱涝交替的轮回变迁，就总体来说水源是极为丰富的，"北京人"的文明就诞生在水量充沛、水甘土厚、河网发达的母亲河——永定河流域。他们借助着依山傍水、动植物繁茂的大自然，生生不息；东胡林人、转年人、上宅人等靠着河岸台地的自然风水之地开创了中国北方农业的源头。正是依托这里的"水甘土厚"的风水宝地，各朝各代以智慧与善治，趋利避害发展农业，并一直维济农业成为古近代北京地区国民经济的支撑。

二、现如今的缺水区

进入现代以来，北京地区人口快速增长，工农业日益兴旺发达，气候变化趋旱，年降水量明显下降。水资源存量受到两个方面的影响：一方面是降水量减少。据史料显示，北京地区在 1820—1839 年的 20 年间，处于少雨期。全区平均年水量为 555 毫米，1871—1897 年的 27 年间北京地区处于多雨时期，全区平均年降水量为 675 毫米；1951—1982 年全区平均年降水量为 622 毫米，总降水量为 104.5 亿立方米；2009 年北京地区降水量只有 448 毫米。龚高法等研究（见"北京地区气候变化对水资源的影响"，载于侯仁之等《环境变迁研究（第一辑）》）指出：从 1724—1982 年的 259 年中，北京地区出现 5 次枯水期，每次持续时间分别为 17 年、20 年、48 年、51 年、12 年。北京地区在

---

① 侯仁之等主编. 环境变迁研究（第一辑）[M]. 海洋出版社，1984

1946—1970 年的 25 年中处于丰水期，在这时期内，年总降水量比 259 年平均值多 9.28 亿立方米，较 1971—1982 年枯水期间每年平均多 12.8 亿立方米。若折合成水资源约相当于 9.1 亿立方米。

表 3-1　1727—1982 年北京地区降水变化

起讫年代	年数	水量	总降水量 （亿立方米）	总水资源 （亿立方米）
1724—1774	51	枯水期	89.0	43.9
1775—1819	45	丰水期	107.7	56.2
1820—1839	20	枯水期	93.2	46.6
1840—1853	14	丰水期	108.9	56.1
1854—1870	17	枯水期	89.2	43.9
1871—1897	27	丰水期	113.4	60.8
1898—1945	48	枯水期	97.6	49.1
1946—1970	25	丰水期	109.9	57.8
1971—1982	12	枯水期	97.1	48.7
1724—1982	259	平均	100.1	50.7

从表 3-1 中可以看出，北京地区的降水量受气候干湿变化影响是很明显的，并存在轮回的规律，但间隔期的长短相差较大，似无规律可循。

北京地区可用水资源包括降水、地表水和地下水。

一是降水。因受季风影响，夏季 6—9 月的降水约占全年降水量的 85%。自 1724 年（清雍正二年）至 1995 年的 272 年间，本地区最大年降水量为 1 406 毫米，最小年降水量为 242 毫米，两者相差 6 倍（《北京水利志》，北京出版社，2000 年）。1956—1995 年全市多年平均年降水量为 595 毫米，相当于亚洲陆面平均降水量 740 毫米的 80%，相当于全球陆面平均年降水量 800 毫米的 74%。

二是地表水。北京地区地表水包括境内（1.68 万平方千米）的径流量和境外流入的入境水量。据 1956—1995 年资料统计，多年平均境内水量（径流水）为 21.78 亿立方米；入境水量为 17.07 立方米，其间出境清水量为 12.79 亿立方米，出境污水量为 12.63 亿立方米。

三是地下水。1961—1984 年多年平均地下水补给量为 39.51 亿立方米。

据 1989—1991 年北京市水利局等单位的普查，全市一次水资源总量多年平均为 62.80 亿立方米。其中，地表水量为 23.0 亿立方米，平原降水补给地下水 13.03 亿立方米，山区侧向补给平原地下水 6.27 亿立方米，外省入境水量 20.50 亿立方米。

就"三水"统筹而言，直到 1970 年前北京地区河、湖、塘、泽以及路旁、田间大小沟渠还长年有积水流水积存，古传泉水还在涌流，海淀肖家河、六郎庄一带的稻田、荷田终年积水呈"江南水乡"景色。自 1971 年起旱期来临，降水锐减，加上城市人口剧增，各项社会事业及工农业生产的振兴，水资源明显亏缺，出现大河断流，小河及坑塘渠道干涸，大多泉眼断流，地下水位大幅下降。资料显示，北京地下水资源在 20 世纪 50 年代以前还十分丰富、埋藏较浅，水质较好。东郊一带地下水埋深仅 1 米左右；60 年代以后地下水开采量明显增加，水位开始下降，中心区地下水降落漏斗逐步形成和发展；60 年代北京市地下水降落漏斗面积仅为 70 平方千米。北京多年平均可供水量为 36 亿 ~40 亿立方米，而每年用水约 40 亿立方米，其中，地表水 13 亿立方米，地下水 26 亿 ~ 27 亿立方米[①]。但到 2010 年，该面积则扩展到 1 057 平方千米，地下水平均埋深达 24.92 米，与 1980 年年底比较，地下水位下降 17.68 米，储量减少 90.25 亿立方米；与 1960 年比较，地

---

① 王永昌等.生态北京［M］.北京工业大学出版社，2007

下水位下降 21.73 米，储量减少 111.3 亿立方米（见北京市水务局《2010 年北京市水资源公报》）。

预计 2020 年北京需水 60 亿立方米，按照目前的供水能力，缺水 20 亿立方米，这除了南水北调外就得从农业着手调结构、转方式，发展高效节水农业。

缺水已成为首都农业结构调整、压缩粮食作物和畜禽生产及渔业的导火线。到 2015 年，种植业农田一下子压缩到 150 万亩，其中，粮食经济作物用地调整到 80 万亩，蔬菜生用地由 50 多万亩增加到 70 万亩，着力发展高效节水农业，使农业用新水量由 2014 年的 7.5 亿立方米降到 2020 年的 5 亿立方米，可见，当今北京地区水的珍贵！

第二节　北京水资源的开发利用

一、北京历史上的水利兴修

北京地区的降水季节性明显，年度间差异较大。历史上仅 1271 年（元朝至元八年）到 1948 年的 677 年中，北京地区发生的较大的旱、涝灾害就达 653 次，其中，涝害 297 次，造成"颗粒无收""逃荒乞讨""饿殍遍野"。明代 276 年间，北京地区的水灾就有 104 个年份。清代自顺治到宣统的 268 年间，北京地区发生轻重不同的水灾达 128 次，造成的灾害"轻者毁田伤稼，粮食减产；重者浸塌房屋、漂溺人畜、家破人亡……"。

古往今来，水对人类的生存与发展有利有弊，利大于弊，利可兴，弊可治，兴水利，治水害的事自古以来从没停息过。原始人类虽无力兴利治害，但他们会依山傍水，以求安生。即便到了农耕时代，他们聪明地选择山前河岸高地或河岸台地，既可种地又可避开洪水冲击。到了夏代，洪水多发成灾。大禹率众常年在沟洫治水，三过家门而不入。在东周至东汉即始凿井提水、浚河漕运和引水种稻。东汉渔阳太守张堪利用鲍丘水开稻田 8 000 顷。文物部门于 1965—1972 年在北京南城地区发现东周至西汉早期的 65 座陶井。曹魏时期驻幽将领刘靖率上千人在永定河上修建戾陵堰和车厢渠道，引水种稻，"凡所润含四五百里，所灌田万余顷"（见《水经·鲍丘水注》）。对永定河的治理与疏浚各个朝代一直未停。但明清时期动作较大。

北齐时，"渔阳燕郡有故戾陵诸堰，广褒三十里，皆废毁多时，莫能修复。时水旱不调，民多饥馁。延儁谓疏通旧迹，势必可成，乃表求营造。遂躬自履行，相度水形，随力分督，未几而就，溉田百万余亩，为利十倍，百姓至今赖之"（《魏书·裴延儁传》）。

北齐乾明元年（公元 560 年）嵇晔又开督亢陂，设置屯田，每年收稻粟数十万石。

隋代调动百万民夫修建南北大运河的永济渠，"引沁水，南达于河、北通涿郡"，全长 1 000 多千米。至唐代续修到北京通州形成由北京直下杭州之运河，史称"京杭大运河"。

唐代，裴行方"为检校幽州都督，引卢沟水广开稻田数千顷，百姓赖以丰给"（《册府元龟》卷 497）。

元代，至元二十八年（1291 年）由郭守敬规划并主持施工，至元三十年建成西起积水潭，南行出城东至通州与潮白河即北运河相接的通惠河。其水源采取引泉水济漕运，主要水源：一是疏通渠道引西山玉泉山的泉水；二是引西山以北昌平白浮村诸泉，二泉汇流于瓮山泊（昆明湖前身）后再东流入通惠河。通惠河的开凿使南来的漕运可直通京城。

明代万历年间支持徐贞明兴修水利开垦稻田之策。在延庆周边地方垦出稻田八万亩,"顷岁获稻粮数十万石……家给户足,人心安堵"(清·李钟俾《延庆州志》卷9)。

清代,康、雍、乾三代皇帝重视治理无定河(永定河前身)。康熙年间"疏筑兼施……浚河百四五十里,筑南北堤百八十余里""达西沽入海""赐名永定河"。并采用"以清冲浊"使浑水变清水(《畿辅河道水利丛书·水利营田图说》)。雍正五年至七年间畿辅地区经营水田约6 000顷,连续多年获得丰收。

民国时期,顺直水利委员会从1923年开始在顺义县苏庄(后归通州)建闸,挽一部分潮白河水回归北运河故道,全部工程于1925年8月完成。该闸是本市历史上第一大闸,曾抵御多次洪水,箭杆河水患得以缓和。工程由两闸组成,一为三十孔的泄水闸,一为十孔的进水闸,孔宽均为6米,又有新引河道长7千米,河通潮白河与北运河。

为了弥补北京地区供水不足,在中央支持下,北京市政府采取了两项措施:一是南水北调,引长江水济京。2003年于丹江口水库(位于汉江中上游)开工,2014年12月27日正式进京,每年为北京输水10.5亿立方米。二是从2014年开始着力调整农业结构,发展高效节水农业。商品性粮食基本退出超采区,减少高耗水作物的种植面积,重点发展籽种田30万亩,旱作农田30万亩,生态景观田20万亩;减少生猪出栏量1/3至200万头,调减肉禽年出栏量1/4至6 000万只。

600年间北京的河流水系变化

6个世纪以来,北京的河流水系,从原有六大水系变为如下五大水系。

蓟运河水系:主要为在平谷的泃河和错河。年径流量7.4亿立方米,属于中小河流。两个世纪以前水量充沛,为现在监测数字的两倍以上，但今天断流严重。

潮白河水系：是北京的主水系，当年是两条河流—分别是源自河北承德的潮河和源自河北赤城的白河，修密云水库后汇为潮白河。目前，白河在京流量约为每秒 9 立方米，潮河为每秒 12 立方米，都已是涓涓细流，且出现断流。而当年潮河应是每秒 20 立方米以上的河流。

北运（温榆）河水系：是北京最主要的水系，也是唯一发源于北京的水系。主要包括温榆河、北运河、沙河、清河和通惠河等河流。温榆河流量现为每秒 3.56 立方米，北运河流量为每秒 8.1 立方米。今天看到的是涓涓细流，但已是目前北京唯一的主河道基本未断流河流。年径流量仅为 2.5 亿立方米，属于近干涸的小河，而当年可以行大船运粮。

永定河水系：是北京元代以前赖以建城的水系，主干发源于河北张家口，上游称桑干河。当年水流汹涌，多次泛滥，名为"无定河"。自 1980 年起全线断流，有水段流量仅为每秒 0.98 立方米。

大清河水系：在北京房山，主干为拒马河，有大石河等河流汇入，是北京目前水流最大的河流，至今仍有泛滥洪灾威胁，是北京唯一与历史上差别不太大的河流。

二、北京水资源开发利用阶段

北京水的开发利用历史悠久。翻开北京地区人类发生、发展的历史，可以感受到从古代"北京人"到现在的北京人，在开发利用水的历史长河中，历经了 3 个历史阶段。

第一阶段是以解决人类低水平生活与生产需求为目的的原始水利（或自然水利）阶段。

考古发掘遗迹资料告诉我们，古人类在选择居住地点和选择集群居住从事农耕的村落集结地时，都充分考虑了如何在获得水的同时避免水害的问题。尽管没有足够的能力和技术手段去改造自然，但懂得顺应自然规律，利用自然条件营造有利于人类生活与生产的水环境。这就是古人类都选择在依山傍水和山前河岸台地居住或营建村落从事农业的原因所在。这一阶段大约包括旧石器时代与新石器时代的人类抉择。

第二阶段是以兴建防洪、供水等水利工程为手段，谋求经济和社会快速发展的工程水利阶段。

引水灌田增加粟谷，相传始于春秋战国时期，燕国修建督亢灌区就是当时最著名的灌区之一，也是北京平原地区最早的灌溉工程（孙颖"北京水史上的那些人和事儿"，《北京晚报》2014年3月10日）。督亢灌区位于今房山南部平原和河北易县东部平原，涿州的全部平原，是拒马河冲击洪积平原区。督亢引水设计十分巧妙，从上游河谷引拒马河水，打开水口放水，河水滚滚流下；关闭水口，河水停止下流，完全由人工控制。史书记载，督亢地区曾"岁收粮粟数十万石"，燕国之强，位列战国七雄，督亢粮仓起了至关重要作用。

燕文侯最早开启北京水系航运历史。周显王五十四年秋，齐威王兴兵征讨燕国，燕文侯得知，当即率1万军卒应战，在平谷境内乘战船顺沟河急流而下，在沟河入鲍丘水的河口一带与齐军相遇，双方激战，燕军获胜，齐军狼狈逃回。

凿井引水是从东周与西汉早期即已出现。目前，已出土的古代遗迹有1956年在永定河引水工程中发现的西汉时期的陶150余座。在1965—1972年的考古发掘中，北京文物部门在古代蓟城所在地区的南城一带，发现了东周至西汉早期的65座瓦井，"瓦井出土的地区有陶然亭、姚家井、广内大街北线阁、白云观、宣武门内南顺城街至和平门外海王村等处。较为密集的地方是内城西南转角经宣武门至和平门一线"（见《文物》1972年第2期）。可见，北京地区凿井利用地下水至少已有2 000多年的历史，并一直延续至今。另据于德源（《北京农业经济史》，京华出版社，1998年）研究，京畿"最早引水灌田的记载始于东汉时期"。

古近代凿井多为土井→陶井→砖石砌的大口井，1975年发掘位于丰台区大堡台西汉墓时，发现北京地区唯一保存完好的金代砖井，深8米。提水工具由桔槔→辘轳。明代在北京建都，在京城市郊开辟大片菜田，至清代多采用辘轳提取井水、泉水、浇园，到1949年京郊共有水井15 800眼，井深三五米到十几米，灌溉着8万亩土地。一眼井只浇10亩。到近现代由砖石大口井入钻深井（浅在几十米，深在上百米或一百几十米），衬以水泥钢筋管或管壁打孔的钢管，用抽水泵抽水。到1995年年底全市拥有农用机井44 611眼，井灌面积达253千公顷（379.42万亩）。进入21世纪的2004年1—3月，北京市水利局组织有关方面对全市农用机井逐眼进行GPS定位，普查建档和安装水表，农村正常运转的机井39 428眼，其中，农业用机井26 333眼。

井灌农田，一是运作比较方便——可以就近自主凿井与开井灌溉；二是引用地下水进行提水灌溉有保障，且自主性强。

北京最早从事工程性农业用水的是战国时期燕国开发利用"督亢坡"，方圆五十余里，支渠四通，称"督亢渠"，富于灌溉之利。

东汉时，渔阳太守张堪领军士引潮白河水开稻田8 000余顷，这是北京地区历史上一项规模宏大的农田水利事业，深得民众拥护。

而具有开拓性且规模较大的历史性水利工程要算北魏孝明帝初（公元516年之后），在幽州刺史裴延儁主持下在永定河石景山段修建的戾陵堰与车厢渠。"溉田百万余亩，为利十倍"（《魏书》卷69《裴延儁》）。

北齐孝昭帝黄建中（公元560年），"平州刺史嵇晔建议，开幽州督亢旧阪，长城左右营屯，岁收粮粟数十万石，北境得以周赡"（见《隋书》卷24《食货志》）。史学研究认为这是北京地区古代依靠开辟农田水利就地缓解军粮供应问题的范例。

曹魏建安十一年，为攻打乌桓而陈兵于古鲍丘水（今潮河）下游区域，为方便运输兵员和军械粮草，曹操征调大批民夫开凿漳河、滹沱河与泒水（今海河）、潞河（白河、北运河故道）之间水道，开挖了平虏河，自平虏城（今河北青县）南接滹沱水，北接泒水，西入潞河。河道的开凿、沟通，水运通达。攻克乌桓大胜，完成了统一北方大业。

魏嘉平二年（250年），镇北将军刘靖率军士，在今永定河石景山附近，建的戾陵堰，车厢渠，引水灌溉，屯田戍边。戾陵堰截引永定河水经所凿的车厢渠，东入发源于海淀紫竹院的高粱河，"灌田岁二千顷，凡所封地百余万亩"。

隋代开通南北大运河，北达涿郡（今北京），成为南北经济文化交流的水上通道。金代建中都，开辟闸河，漕运始兴。隋代时期在桑干河（古永定河）下游引水灌土地，种植水稻。"裴行方检校幽州都督，引卢沟水广开稻田数千顷，百姓赖以丰给"（宋·王钦若等辑《册府元龟》《牧守部·兴利》）。

辽代顺州（今顺义）"其地平斥，土厚宜稼，城北依涧，水为险，水之柔数百步，地方多粟"；"自顺以南，皆平陆广饶，桑谷沃茂。"有诗曰："青山如壁地如盘，千里耕桑一望宽"。

金代"引宫（太宁宫）左流泉灌田，岁获稻万斛""敕放白莲潭东闸水与百姓灌田"（《金史》卷133《张觉传》）。

元代著名水利专家郭守敬主持开凿白浮瓮山河，引水入积水潭，连通并改造闸河，直抵通州，称通惠河，使漕运大为改善。

明代，尤其是万历年间出现了前所未有的兴修农田水利热潮。但主要是开辟水田种稻，在西湖（瓮山泊）一带为"南人（移民）兴水田之利，尽决诸洼，筑堤列，为甽为畲……宛然，江南风气。"在顺义"呼奴山下涌泉溉田，地可植稻，民亨期利。"在塞外延庆区修渠引水开辟水田植稻共约 8 万亩。结果是"水绕郭壕，大培地脉"，是"沙碛萑苇之奥，悉化为膏腴""顷岁获稻粮数十万石，往时米价涌沸，自稻田开而斗斛平，家给户足，人心安堵"。

清代，康、雍、乾三代皇帝都很重视兴修疏浚永定河。永定河原本水浑称"浑河"，多结口泛滥改道，又称"无定河"。经康熙修浚筑堤和"以清（水）冲浑"，使永定河通畅，河水澄清，康熙皇帝赐名"永定河"（1698 年）。

清代乾隆皇帝于乾隆十四年至十五年为给皇太后庆祝六十大寿，将瓮山命名为万寿山，大规模兴治西山的湖、泉、河，开拓瓮山沟，扩大蓄水量，改称昆明湖（古称七里泺，元称瓮山泊，明称西湖），这是北京第一座水库。

民国成立后，北平四郊农田水利有所发展。据 1934 年统计，四郊灌溉面积占整个农田面积的 14.4%。

新中国成立后，1954 年修建成官厅水库；1958—1960 年，又相继修建起十三陵水库、怀柔水库和密云水库（时为华北最大，库容量为 42 亿立方米）。之后至 20 世纪 70 年代又修建一批中小型水库，总计达 84 座，总库容 90 多亿立方米。

第三个阶段是现代农业水利建设阶段。

在这一阶段的水利建设主要有 7 个方面。一是兴修水库涵养水源，至今已有大中小型水库 88 座，蓄水量 94 亿立方米。二是兴修水源，调控水闸，其中，橡胶坝 145 座，规模以上水闸 635 座。三是兴建防洪堤 1 545.87 千米。四是平整农田，配套田间灌溉渠道，开展灌区建设。到 1995 年，全市共建立万亩以上灌区 40 处，有效灌溉面积 484.49 万亩（323 千公顷）。五是打井开发地下水。到 2013 年有各类水井 84 748 眼，其中，有灌溉机井 32 832 眼。六是塘坝、窖池贮水。共有塘坝 2 766 处，总容积 9 451 万立方米，共有窖池 5 075 座，容积 27.8 万立方米。七是疏浚河流，即防水患，兴水利。集中治理河道 32 条，长 474 千米，基本实现干、支、斗、农、毛五沟相通；94%的易涝地得到不同程度的治理，其中，达到 10 年一遇标准的达 124 万亩。山区水土保持小流域治理面积 3 600 平方千米，占应治理面积的 54%。

三、北京的鱼类养殖

因为曾经是历史上的富水区域，因此，北京的鱼类既古老又多样化。张春霖（1933 年）在《中国鲤类志》中记载有"北京鲤形目鱼类 35 种及亚种"；王凤振（1936 年）在《北平及其附近的鱼类》中记载"北京地区共有鱼类 50 种及亚种"，北京大学生物学系（1964 年）在《北京动物调查》中记载"北京鱼类 23 种"；北京自然博物馆从 1962 年开始调查，陆续采集到鱼类标本 600 多件，经鉴定共认定 73 种。《北京日报》2011 年 4 月 22 日在《濒危鱼类"活化石"重现拒马河》一文中写道："曾与'北京人'为伴的多鳞铲颌鱼，重现京西拒马河……大鲵、东方薄鳅、黄线薄鳅等珍稀鱼儿，都将回到它们原本的家园"。

北京以捕鱼为业从原始人类即始，以养鱼（食用鱼）为业几乎到现代新中国成立后。但人工培育并养殖金鱼，则从北京始。虽南宋皇帝赵构喜好养观赏鱼，那只是红色鲫鱼，时称金鲫，而北京的宫廷金鱼是在金鲫的基础上培育出来的，是"青出于蓝而胜于蓝"。北京地区养金鱼始于金代。史料记载，金天德三年（1151 年），朝廷在中都营造鱼藻池和鱼藻殿繁养金鱼，并选育出很多名贵的宫廷金鱼。清代民间竹枝词里有"忆京都，陆居罗水族，鲤鱼硕大鲫鱼多"的吟咏，作者在注释中写道："京都虽陆地，而谙陶朱种鱼之术，故鱼肥美不徒恃津门来也。"据清代陈宗蕃编著的《燕都丛考》引据《明一统志》："鱼藻池在宣武门外西南燕京城内，金时所凿，池上旧有瑶池殿。"《帝京景物略》中记载："殿之址，今不可寻。池鸿然也，居人界地而塘之，柳垂覆之，岁种金鱼以为业。池阴一带，园亭多于人家，南抵天坛，一望空阔。"朱筠《金鱼池赋》序曰："池广数十亩，分百余池。"《京尘杂录》记载："鱼藻池，俗名金鱼池，在天坛之北，金章宗曾幸之。"《顺天时报丛读》曰："鱼藻池，俗呼金鱼池，池边绿柳掩映如画，泉水清洁，游鱼可数。池内蓄养金鱼，均各棚之所有。棚下并设有盆养细种金鱼，价格颇昂，购者多系中人以上之客。在清时，一般贵族多喜购。"《顺天府志》记载："金鱼胡同有金鱼池"。

据《北京百科全书·朝阳卷》，"北京的金鱼品种分两大类：一是宫廷金鱼，又称中国金鱼，最明显的特征是尾部为 4 叉，是名贵品种。主要培育在崇文门外金鱼池。二是高碑店产草鱼金鱼，简称小金鱼，其显著特征是遍体通红，保留有金鱼的原始状态——金鲫鱼形态。

金绶申在《老北京的生活》中写道：北京金鱼通常分"草金鱼""龙睛鱼"两大类。草鱼是沿街叫卖的"小金鱼"，是鲋鱼——鲫鱼的别种。龙睛鱼是金鱼的总称，其中包括多个品种，有红龙睛、花红龙眼、黑龙眼、蓝龙眼、紫龙眼等。

北京金鱼历经数百年的养殖培育，其养殖品种已达 200 多个，归属为草种鱼、龙种鱼、文种鱼、蛋种鱼四大类。《北京水产业志》中列草种鱼有 20 种，龙种鱼有 20 种，文种鱼有 50 种，蛋种鱼有 20 种。

金鲫鱼的放养源于晋朝，建造放养池起于唐朝。在北宋初期，杭州六和塔下的开化寺后山沟中和南屏山净慈寺对面的兴教寺水池中已有金鲫鱼养殖。金鲫鱼家化始于南宋。据传，南宋皇帝宋高宗赵构，在宫中既养鸽子又养金鲫鱼。南宋灭亡后，金鲫鱼被带到北京，并培育成后来有名的北京宫廷金鱼。从金代起金鱼开始产业化生产，至今已成为北京地区特色产业而走向世界。

第三节　北京的农业灌溉

20 世纪 70 年代之前，北京的农业灌溉以地表水为主，包括水库和河流，主要采取自流灌溉和扬水灌溉，田间亩次用水 80~100 立方米，渠系多为土渠，渠系输水有效利用系数只有 0.5~0.6，甚至更低。农村年用水量达 27 亿立方米，占全市总用水量的 60% 以上，而农村用水量的 85% 用于农业灌溉。

1972 年大旱之后，水资源紧缺，节水灌溉提到了日程。首先抓了输水渠道衬砌——用混凝土衬砌防渗，衬砌干支渠总长度达 1 500 千米。衬砌渠系使水的有效利用系数提高到 0.75~0.8。

20 世纪 80 年代灌溉水源转向以地下水为主，渠道衬砌转向井灌区，主要采用现浇混凝土 U 形槽衬砌，使水的有效利用系数由原来的 0.65~0.7 提高到 0.85~0.95。而传统的土渠输水，大水漫灌方式水的平均有效利用率仅为 30%。到 20 世纪 80 年代后期又更换为 PVC 低压管道输水灌溉。

从 20 世纪 70 年代初开始研究喷灌试验，到 1983 年顺义、房山、平谷等区县建立半固定式管道喷灌系统；到 1987 年顺义县南堡信乡建成集中连片的麦田喷灌 1.7 万亩。1990 年顺义县喷灌面积达到 50 万亩，良田灌溉基本上实现了喷灌化，成为全国第一喷灌化县。"八五"计划以来，京郊节水灌溉面积以每年 20 万亩的速度迅速发展。从 1991—1995 年，全市农业节水灌溉累计投入资金 50.5 亿元。到 1995 年年底，全市建成衬砌渠道 6 454.13 千米，控制灌溉面积 33.2 千公顷（49.86 万亩）；建成地下输水管道 6 519.8 千米，控制灌溉面积 29.8 千公顷（44.68 万亩）；发展喷灌面积 110.5 千公顷（165.8 万亩）；滴灌溉面积 666.6 公顷（约 1 万亩）。

到 2010 年，郊区节水灌溉面积从 1990 年的 120.7 千公顷（181 万亩），发展到 285.8 千公顷（428.27 万亩），其中，喷灌 81.3 千公顷（121.29 万亩），微灌 19.23 千公顷（28.29 万亩），低压管道灌溉 151.6 千公顷（227.4 万亩），渠道防渗灌溉 32.6 千公顷（48.29 万亩），其他工程节水灌溉 1 000 公顷（1.5 万亩）。全市 50 亩以上集中连片设施农业全部配套高标准微喷设施。灌溉水利用率达到 0.69。农业年用水由 1991 年的 21.52 亿立方米，下降到 2010 年的 11.38 亿立方米，其中，用新水 8.38 亿立方米，再生水 3 亿立方米。基本形成了设施农业蔬菜瓜果以微喷为主，果树以小管出流为主，平原良田以喷灌为主，山区粮田以管道输水和渠道衬砌为主，多种节水技术综合发展的节水型农业灌溉体系。农业用水量占全市总用水量的比例由 1991 年的 57.9%降至 2010 年 32%（1991 年全市总用水量为 37.16 亿立方米，2010 年为 35.16 亿立方米）。从 2003 年以来城乡开始再生水处理，郊区推广应用再生水，到 2010 年农业使用再生水达到 3 亿立方米，占农业总用水量的 26%。

据颜昌远主编《水惠精华》（北京水利 50 年）记载：农村用水由 1986 年的 31.27 亿立方米减少到 1995 年的 19.33 亿立方米，而 20 世纪 70 年代以前农村年用水量为 27 亿立方米，占全市总用水量的 60%以上，农村用水量的 85% 用于农田灌溉（表 3-2）。

表 3-2　1991—2010 年北京市农业用水量统计表　（单位：亿立方米）

年份	总用水量	其中			年份	总用水量	其中		
		地下水	地表水	再生水			地下水	地表水	再生水
1991	21.52	16.14	5.38		2001	17.40	13.78	3.62	
1992	19.08	13.14	5.36		2002	15.45	13.45	2.00	
1993	19.75	14.11	5.64		2003	13.80	12.38	0.92	
1994	20.36	14.32	6.04		2004	13.50	12.42	0.38	
1995	18.77	13.50	5.27		2005	13.22	10.91	1.01	1.3
1996	18.95	14.45	4.5		2006	12.78	10.18	0.49	2.0
1997	18.12	13.06	4.74		2007	12.44	10.18	0.06	2.2
1998	19.39	12.53	4.86		2008	11.98	9.10	0.28	2.6
1999	18.45	13.90	4.55		2009	12.00	8.80	0.20	3.0
2000	16.49	13.48	3.01		2010	11.38	8.18	0.20	3.0

资料来源：2010 年北京市水资源公报

《北京日报》2014 年 6 月 18 日报道：本市农业用水量 2011 年为 10.9 亿立方米；2012 年为 9.31 亿立方米；2013 年为 9.1 亿立方米；2014 年为 7.5 亿立方米，灌溉水利用系数达到 0.7。

第四节　北京农业灌溉的增产效应

老子《道德经》曰："上善若水，水善利万物而不争"。

《管子·水地篇》曰："水者何也，万物之本源，诸生之宗室也"。

毛泽东：水利是农业的命脉。

古今中外实践表明，靠天，旱涝均伤农，唯引水灌溉善之。远古时代的"北京人"于周口店龙骨山洞依山傍水和春华秋实生息繁衍揭开了亚洲人类文明的序幕；东胡林人（距今1万年前）依山傍水，选择山前河岸台地发明了"刀耕火种"的原始农业，开创了中国北方农业的源头；两千多年前凿井浇园使北京城郊种菜供应城市；北魏时期，在永定河上修戾陵堰建车厢渠引水"灌田百万余亩，为利十倍"；北齐"开幽州督亢旧陂，长城左右营屯，岁收粮粟数十万石"；东汉渔阳太守张堪引潮白河水"开稻田八千余顷"，使百姓"家给人足"；唐代引卢沟水"开稻田数千顷，使百姓赖以丰给"；辽代"自顺（义）以南，皆平陆广饶，桑谷沃茂""千里耕桑一望宽"；金时开发金口河引水种稻，"若固塞之，则所灌稻田俱为陆地，种植禾麦亦非旷土"；金时"引宫（太宁宫）左流泉灌田，岁获稻万斛"；元代以"京畿近地水利"，"引浑水灌田"，"招募江南人耕种，岁可得粟麦百万余石，不烦海运而京师足食"；明代，由于引入南方熟悉水田之人开发水利，西湖（昆明湖）一带的水洼被开垦为稻田，呈现出好似"江南水乡的田园风光"。延庆及周边地区开垦水浇地或稻田八万亩，"水绕郭壕，大培地脉"，"顷岁获稻粮数十万石……家给户足，人心安堵"；清代雍正五年，平谷县龙家务、水浴寺等处，营治稻田五顷三十五亩，农民自营稻田共七十六亩五分，所获倍收。

新中国成立后，北京地区农业灌溉得到快速发展，农业的灌溉效应也极为明显。

1949年，北京地区仅有水浇地1.42万公顷（21.3万亩），占当时耕地面积的2.68%，绝大部分耕地望天祈雨，靠天收成。1949年，全市粮食平均亩产只有63.6千克。水土流失严重，流失面积达6 474.5平方千米。

1949—1956年，打井抗旱，恢复原有灌溉设施，疏浚排水渠道；治理盐碱地，改种水稻，灌溉农田。1957年，全市粮食平均亩产达到

102. 2 千克，比 1949 年提高 60.7%。

　　1957—1965 年进入农村水利建设高潮。先后建成万亩以上灌区 31 处，灌溉面积达 16.32 万公顷（244.8 万亩），加上小型灌区及井灌面积，到 1965 年全市灌溉面积达到 22.98 万公顷（344.74 万亩），占当年总耕地面积的 66.83%。

　　1966—1978 年，灌溉面积达到 34.21 万公顷（513.12 万亩），占耕地面积的 79.62%。全市粮食平均亩产达到 380.5 千克。

　　1979—1995 年，以节水为中心，对农田灌溉系统进行技术改造，采取衬砌渠道，铺设输水管道、安装喷滴灌设备等，节水设施控制面积达到 20.51 万公顷（307.58 万亩）。

　　到 1995 年，全市农田有效灌溉面积保有 32.30 万公顷（484.49 万亩），81.9% 的耕地有灌溉条件；94.26% 的易涝地得到不同程度治理；92% 的盐碱地被改造；62% 的水土流失面积得到控制。到 1995 年，粮食平均亩产从 1949 年的 63.6 千克提高到 669.4 千克。

　　节水灌溉发展迅速是因其科技含量远高于传统的土渠输水、大水漫灌方式，既省水又增产。如井灌区大面积推广喷灌为主的节水灌溉，灌溉水综合利用系数达 0.8~0.9，节水率达 30%。每年可节约灌溉 3.4 亿立方米，每立方米水量产粮达 2.0 千克。1980 年，全市农业总用水量为 29 亿立方米，粮食总产量为 18.6 亿千克，蔬菜总产量为 17.28 亿千克。1990 年农业总用水量为 21 亿立方米，粮食总产量为 26.46 亿千克，蔬菜总产量为 30.7 亿千克。10 年内在农业总用水量减少 8 亿立方米的情况下，粮食和蔬菜产量却分别增长了 7.86 亿千克和 13.42 亿千克。

　　喷灌在大田中应用还促进了耕作制度的改革和农业全过程机械化，使小麦、玉米两茬平作成为可能。粮田复种指数由 1970 年的 1.43 提高到 1999 年的 1.70。喷灌可以省去田间渠道和筑畦，可节省渠、畦埂占地 20%。

在现代科技的支撑下，农业节水技术装备不断创新，节水效率与增产效果不断提升。

《北京日报》1990 年 5 月 11 日报道：（20 世纪）70 年代末，主要是传统式灌溉，"本市产 0.5 千克粮食用水 1 立方米，80 年代（推广节水灌溉）1 立方米水可产粮食 1.17 千克"；20 世纪 90 年代每立方米水产粮食 2.0 千克；进入 21 世纪前 10 年中，每立方水生产粮食 1.5 千克。北京市农业技术推广站在高产创建中，4 个高产示范点共 1 630 亩小麦，亩均灌水 207.1 立方米，全生育期降水 147.7 毫米，每立方米水产小麦 1.7 千克，房山区窦店村二农场 253 亩节水高产示范区，每立方米水产小麦 2.5 千克。

北京市农林科学院自 2007 年推广雨养旱作玉米，到 2014 年累计示范推广 1 348 万亩，节省灌溉用水 4.23 亿立方米（见《北京日报》2015 年 5 月 4 日）。

北京市农业推广站 2014 年采用工厂化喷雾式集约育菜苗，1 株节水 1 千克。目前，全市冬春茬儿蔬菜集约化育苗 1.6 亿余株，共节水 1.6 亿余吨。蔬菜生产是北京地区农业上的耗水大户，全市正在创建 100 个蔬菜高效节水示范园。2020 年，本市 70 万亩蔬菜田，年用新水总量将由 2014 年的 2.82 亿立方米减少到 2.6 亿立方米。

由于推广农业的科学节水灌溉，使农村、农业由用水大户转变为节水大户。

据《北京日报》2015 年 10 月 25 日报道：北京农业灌溉水利用系数从 2001 年的 0.56，到 2010 年提高到 0.709。

第四章 古今北京农业中的创新、创业

科技创新、创业是农业发生、发展的不竭动力，也是人类创新农业的永恒主题。

第一节 北京农业创新的发展脉络

（1）"北京人"在进化中的开斧之作就是用劳动创制出旧石器，开启了人类第一次使用工具进行劳动采集与渔猎，替代了原手摘、牙咬且效率低下的艰辛。旧石器的运用不仅提高了劳动效率和效果，还可以更有效地抵御猛兽的袭击。《吕氏春秋·恃君览》中讲道："凡人之性，爪牙不足以自守卫，肌肤不足以悍寒暑，筋骨不足以从利辟害，勇敢不足以却猛禁悍。"石器的创制与应用，则大大助力人类足以应对上述诸事。

（2）"北京人"破天荒地在亚洲大陆上燃起熊熊篝火，宣告了人类黎明时代的来临。在周口店"北京人"的遗址中发现了一堆堆很厚的灰烬、木炭、烧骨和朴树籽。这些都是"北京人"用火的遗迹。恩格斯说："火的使用，第一次使人支配了一种自然力，从而最终把人和动物界分开"①。"北京人"发明用火，揭开了人类历史文明的序幕。

---

① 恩格斯．中共中央马恩列斯著作编译局编．家庭、私有制和国家的起源［M］．人民出版社，2003

（3）"北京人"（晚期）还发明了装配在投索中的石球和用于远距离刺杀猛兽和猎物的石制和木制长矛。

（4）在"新洞人"的遗址（龙骨山）中发现有初始磨制的石器，说明其制作技术比"北京人"有了较大的进步。

（5）"山顶洞人"已能制作骨针和钻孔的小石珠。骨针的出现就预示着人类将从披树叶、树皮、兽皮转向穿缝制的衣裳；有了钻孔技术和磨光骨针的技术，也就预示着原始人类将可采用钻孔、磨光等技术制作更精致的石器工具。

（6）从"北京人"遗址中考古学家们发现"北京人"在居住的洞穴中与捕来的野猪、犬有着共生关系；从"山顶洞人"的遗址遗迹中发现"山顶洞人"已在驯化野猪和豺为家猪和犬①。

（7）旧石器时代的"北京人"们（直至"山顶洞人"）已观察到自然界一岁一枯荣的生物现象和植物种子落地后来年仍能长出原来的植物并开花结果；共生的动物可以渐渐地变得温驯，也可以生殖繁衍后代，等等。

（8）在"山顶洞人"（距今2万年左右）的遗址中发现了很多用各种质料制作的精细、美观的装饰品，从中考古工作者总结出"山顶洞人"的制作工艺技术有刮、挖、磨、钻等环节。这为后来的"东胡林人""转年人"（距今1万年前）完善和创新新石器的制作工艺技术——切、钻、琢、磨积累了经验。

（9）距今1万年前"东胡林人""转年人"利用上述四项创新技术创制出新石器——石刀、石斧、石铲、石凿、石磨盘、石臼、石容器等。与继承用火技术相结合，他们开创了"刀耕火种"的原始农业，

---

① 见王东等．北京魅力［M］．北京大学出版社，2008

出现本地区第一次农业革命，创造了中国北方农业的源头之一和农业文明。

（10）在门头沟区斋堂镇"东胡林人"遗址和怀柔区碾子镇"转年人"遗址都有发掘出陶器，经鉴定都距今1万多年，被考古界称之为"万年陶"，乃国内所罕见。考古界公认陶器是伴随着农业的出现而产生的，主要用作容器。

（11）北京地区新石器时代的原始人类在先人们（"新洞人"和"山顶洞人"）观察到一些生物繁衍现象的基础上不断驯化选育出"五谷"用于生产。从已出土的孢子粉经鉴定已明确的有粟、黍、菽（大豆）；房山区丁家洼遗址属春秋时期，这里出土的孢子粉经鉴定有粟、黍、菽、荞麦、大麻等农作物。科学研究表明，粟是由狗尾巴草、大豆是由野生大豆驯化选育而来的。而这些野生植物至今在北京地区仍有存在（野生大豆现生长于门头沟区的百花山）。

（12）原始农业中的"生荒耕作制"。原始人类用石斧砍伐树木灌丛，然后放火烧荒，用其灰烬作肥料，树木燃烧中把土烧得疏松，再行刀耕播种。一般1次开荒只种1~2年，之后因地力不及而换地伐木烧荒辟地再种。这种不断开荒种地，史称"生荒耕作制"，撂荒是为了养地。

（13）在昌平区雪山遗址中发现有新石器中期的红陶樽，这是古代的酒器，表明新石器中期本地区已出现酿酒技术和酿酒业①。

（14）以大禹（夏王）传子为标志，结束了原始公社制度，而进入历史上第一个奴隶制王朝，并相延至商周（西周和东周）。进入夏代，北京地区也进入了青铜器时代，至商代北京地区青铜业已比较发达。

---

① 鲁琪等.北京市出土文物巡礼［J］.文物，1987（04）：23-34、102-103

青铜镢和钱镈已逐步应用到农业生产中来，并出现了铁刀铜钺。可见，"北京人"后裔们在北京地区对铁的见识与应用上也占有先机。

（15）夏商周时期在农地管理上创建了"井田制"，即如《孟子》所言："方里而井，井九百亩，其中为公田，八家皆私百亩，同养公田。"这是井田制中典型的做法，还有其他形式的井田，如八夫为井，十夫为井，十夫有沟等。井田制是奴隶社会奴隶主剥削奴隶的一种形式。

（16）夏商周时期，出现了农田沟洫体系，以清除水患，开发低洼地区；在农业生产中出现了耦耕、垄作、条播、中耕以及选种、治虫、施肥（卜辞中有"屎有足，乃坚田"之说）。

（17）西周后期出现农耕"菑畬新①""三圃制"，即菑是新劈或休耕后第一年的田，畬是休耕后第二年的田，新是休耕后第三年的田。菑、畬、新三田制的出现，反映了西周农业技术的提升。这是古代农业生产中的一种轮作制，远先进于"撂荒耕作制"。

（18）进入春秋战国时期，冶铁技术进一步发展。在以蓟为都会的燕国境内已发现有铁器遗址 41 处。1953 年，与今北京相邻的兴隆县发现了战国时期燕国官营冶铁范铸工场遗址，出土铁质铸范 87 件，其中，农具范占绝大多数②。在这些遗址还出土了用于冶铁的鼓风炉及金属镢、凿、铲、锤、锛、锥、刮、刀等农器。这一时期也出现了牛耕。铁器和牛耕的应用，推进北京地区古代农业由原始的"刀耕火种"跃入精耕细作的传统经验农业，并一直延续到 1840 年以前。

北京古代铁器制作与应用水平大致与其他地方相当，西汉时传入

---

① 马宗申．略论"菑、新、畬"和它所代表的农作制［J］．中国农史，1981，（06）：65-72

② 于德源．北京古代农业的考古发现［J］．农业考古，1990，（01）：91-97

赵过创制的铁脚播种耧、耦耕法；唐代时推广的由 11 个部件构成的曲辕犁等。

（19）春秋时期，燕国向齐国引进蔬菜良种。学习种菜技术，使本地区蔬菜生产品种达到 24 种之多，改变了以往长期依靠蓟、薇两种野菜为食的困局。

（20）春秋时期，懂得并学会农业施肥的道理和方法——"刺草殖谷多粪肥田""田肥以易，则出实百倍"（《荀子·富国篇》）；《韩非子·解志》："积力于田畴，必且粪灌"。

（21）春秋时期开始科学用地。"治田之事"之一是"相高下，视肥硗"；已懂得凿井提水灌田。北京宣武门一带及永定河岸于 1956 年出土战国时期及西汉时期的陶井 150 多眼。子贡曾说过："有械于此，一日浸百畦。"当时的械就是桔槔。

（22）春秋战国时期出现了诸子百家和农家。在非农家中的古籍也蕴藏着许多农事史迹。我国最早一部诗歌总集《诗经》，收集周代诗歌 305 篇，其中，涉农诗更多。如《丰年》《载芟》《良耜》《思文》《信南山》《莆田》《大田》，等等。在《中国历代诗歌选》所收集的《诗经》39 首诗歌中，有 31 首直接触景于动植物的诗情画意。《全唐诗》中，咏麦诗有 250 多首，咏稻诗 260 多首。在作为皇帝的乾隆诗中涉农诗亦达百首之多。在古今名家画作中涉农内容亦琳琅满目。齐白石大师不仅画了大白菜，还题词为大白菜正名道："牡丹为花之王，荔枝为果之王，独不论白菜为菜之王，何也？"从此，大白菜被称为"菜中之王"。

春秋战国时期秦国丞相吕不韦所撰《吕氏春秋》虽不是农书，但内中《上农》《任地》《辨土》《审时》四篇则为农业而作。《上农》提出了重农的理论和政策，推行以农为本、工商为末的"崇本抑末"重农抑商的政策思路;《任地》篇讲述了土地利用原则,土壤的性质:力与柔(坚硬与黏合)、息与劳(休闲与在茬)、棘与肥(瘠薄与肥沃)、急与缓(紧密与疏松)、湿与燥等一系列矛盾与治理的办法;《辨土》篇,讲如何使用土地和改变土壤的性质等;《审时》篇,主要讲不违农时……《吕氏春秋》虽不出于北京地区,但其涉农篇对北京农业是有指导意义的。

(23)西汉时期《氾胜之书》首倡"凡耕之本,在于趋时,活土,务粪泽,早锄早获";倡导选种和区田法。

(24)西汉武帝时搜粟都尉赵过,创制三足耧用于播种,保质、高效;倡导"代田法"。"三犁共一牛,一人将之,下耕輓耧,皆取备焉,日种一顷,至今三辅犹赖其利"(崔寔《政论》);赵过创造了一种开沟走垄的耦犁,《汉书·食货志》记载"其耕耘不种田器,皆有便巧,率十二夫为田一井一屋,故亩五顷,用耦犁,二牛三人,一岁之收常过缦田亩一斛以上,善者倍之"。

(25)汉灵帝时毕岚发明翻车提水灌溉技术,比西方领先了1 500年。

(26)房山区长沟镇古时(西周时)曾为西乡,曾任西乡侯的张既发明水磨,利用这里水乡资源开办水磨坊,加工粮食。直到20世纪70年代,长沟镇地区还存在水磨坊,经营粮食(米、面)加工业(见《京畿古镇长沟》)。

(27)西汉时期北京地区曾通过使臣大宛引进汗血马,用以改良本地马,以提高其使役能力。

(28)西汉时期北京地区已出现种菜园圃,并进行井水灌溉。同时,还出现温室(棚)栽种黄(王)瓜、蒜黄等。

(29)魏晋南北朝时期,出现成龙配套的农具,即整地农具犁、耙、耱等；播种工具有耧、窍瓠、挞等；中耕农具有锄、耧锄等；收获农具有镰、枷、杖、铣等；加工农具有磨、杵臼、碓、碾等。

（30）西汉时出现休闲轮作技术，倡导用豆科作物与谷类作物轮作，北魏《齐民要术》中有"凡谷田、绿豆、小豆底为上。"倡导堆制积肥。提倡选种和采用良种。实行果树移栽、扦插、压条、嫁接等加速繁殖技术。推广牲畜圈养和阉割技术。

（31）魏镇北将军刘靖在北京石景山永定河首次修建戾陵堰和车厢渠，被誉为"施加于当时敷被于后世"的水利工程。

（32）北魏时期出现了古代农业百科全书——《齐民要术》。全书十卷九十二篇，近12万字。所创农学体系包括农、林、牧、副、渔，涉及天文、气象、植物、土壤、耕作、肥料、产后贮藏、加工等诸多领域，是世界上最早最完整的一部农业巨著。

（33）辽代，北京地区创造了"垄耕"种植法，既可抗旱保墒，又可排涝防治水患。

（34）辽代在北京（时称"南京"）地区首创"内果园"，其中，以栗园著称。

（35）金代，倡导晒种防虫蛀技术。《农桑辑要》记载有小麦留种需先"晒大小麦，薄摊，取苍耳碎剉，拌晒之，至末时，及热收，可以二年不蛀。若有陈麦，亦需依此法更晒，须在立秋前"。在耕作方面，总结出"秋耕宜早，春耕宜迟"以及"犁深，耙细"的经验，并在中都地区广泛推广。

（36）元代水利专家郭守敬采用等高线技术从昌平白浮引水，经京西通入京东大运河进行补水，减少了打洞、挖沟、架设渠梁等大量土木工程的耗费。郭守敬等人"遍考历书四十余家"，最后写成了《授时历》。这是把握天时、地利指导农业生产不可或缺的。

（37）明代，引进了高产作物玉米、甘薯及纤维作物棉花。出现了"养种田"。宋应星《天工开物》（卷上）中写道："土脉历时代而异，种性随水土而分"，提出注意选种，种植"养种田"。蔬菜窖藏技术已较发达。深挖地窖，以自然冰块降温冷藏。明代成化年间北京地区培育成功"北京鸭"。

（38）清代康熙皇帝在丰泽园采用单株选择法育成水稻早熟、高产、优质新品种"御稻"。其单株选择法育成作物良种比西方早100多年。

（39）清代"戊戌变法"开启了北京地区农业科教事业篇章。1898年，光绪皇帝接受了维新派康有为等人的变法建议，颁布了"明定国是"诏书，决定变法，其中，有关农业方面的有如下措施。

① "劝谕绅民兼采中西各法"，兴办农业。

② 编印"外洋农学诸书"，引进西方近代农学。

③ "于京师设立农工商总局……各直省即由各该督抚设立分局"。

④ "设立农务学堂"，兴办农业教育。

⑤ "广开农会，刊农报，购农器，由绅富之有田业者试办，以为之率"，采取各种措施，引进与推广西方近代的农业科学技术。

（40）1905年，清代在京师大学堂中开设农科大学，设有农艺、农化、林学、兽医四目。1914年改为北京农业专门学校，1923年改名为北京农业大学；1995年与北京农业工程大学合并更名为中国农业大学。

（41）1906年，清代在北京创办了本地区最早的农业科研、技术推广、农事试验的"京师农事试验场"，其内含五大类试验：谷麦、蚕桑、蔬菜、果树、花卉，分别试验，"以相土宜，而兴地利。"1912年更名为中央农事试验场。

（42）民国时期，1912年，农林部在北京天坛建立林业试验场，分播种、移栽、插条、造林四项，1915 年 6 月改为农商部第一林业试验场，从事林业、花卉试验研究与推广。

1913 年，农商部在北京西山开辟苗圃 800 多亩，生产推广优良苗木。

1914 年，国民政府在北京设立棉花试验场（在通州乔庄），从事国外引进棉花新品种的试验与推广。

1915 年，农商部在北京西山来远斋创立第二种畜试验场，养殖美利奴羊 200 只，种牛 10 头。

1934 年，在安定门外地坛设立第四农事试验场，从事农事试验、示范工作。

1938 年，日本侵华时，于北京西郊建立中央农事试验场。1945 年抗战胜利后，当时的中央农业实验所、中央林业实验所、中央畜牧实验所、华北兽医防治处分别接收了其中的农业、林业、畜牧和兽医部分。1949 年 4 月，这 4 个单位与"河北省农业改进所"合并，成立华北农业科学研究所①。

（43）新中国成立后，1949 年 11 月，中国科学院在北京成立，该院设在北京地区涉农科研所有植物研究所、动物研究所、微生物研究所、昆虫研究所、遗传研究所等。

1953 年，国家林业部在北京成立林业科学研究所，于 1985 年扩建为中国林业科学研究院。

1957 年，农业部在华北农业科学研究所基础上扩建为中国农业科学院。

1962 年，时为八机部在北京建立中国农业机械化科学研究院。

---

① 刘泰，黄卓明. 介绍华北农业科学研究所 [J] . 科学通报，1950（03）：185-186

1978 年，农业部在北京成立中国水产科学研究院。

（44）在"西学东渐"中，西方近代科学技术进入国内，促进我国的传统农业开始由经验农学向实验科学转变，由使用畜力和手工工具向机械化农具转变，由自给性生产向商品生产转变，北京地区出现了传统农业向近代农业转变的历史性变化。西方的细胞学说、植物分类法、农业化学、机械化农具、农学知识、土壤肥料学，以至气象、水利、蚕桑、畜牧、林业、水产、园艺、植保、兽医、农经等方面的科学知识大量引入，开阔了人们的眼界。据资料显示，1892—1907 年，我国从国外引种达 40 次，引进的良种计有 20 类，同期引进农业机械约有 23 次（见中国农业博物馆《中国近代农业科技史稿》）。

第二节　北京市属农业科教推广机构

新中国成立之后，陆续建立了北京市属农业科学研究、教学及推广机构。

1950 年 2 月，成立北京市郊区家畜防疫队，负责家畜防疫技术的指导和服务工作。同年，第十一区（南苑）、第十三区（海淀）、第十四区（北郊）建立新式农具推广站，负责新式农具的试验、示范、推广工作。

1951 年，建立植物病虫害防治站，开展农作物病虫害防治技术的宣传、指导和推广化学农药、药械；同年，成立水利推进社，负责推广新式轻便水车，改进灌溉技术；建立家畜配种站，负责家畜配种技术服务工作。

1953 年，病虫害防治站和新式农具推广站合并，建立北京市农业技术推广指导站，并在东郊、南苑、丰台、海淀、京西矿区分别建立分站，负责耕作栽培技术改进、新式农具推广、病虫害防治和药械使用技术的推广和指导。1955 年 3 月，根据农业部关于建立农业技术推广机构的规定，市指导站和 6 个分站改建为北京市农业技术推广站和 6 个相应的分站。同年，建立北京市植物保护站，专门负责病虫害防治和药械使用技术推广。同年 3 月，建立北京市来广营农业试验场，这是本市集科研与推广于一体的农业科研机构的雏形。1950 年建立北京市植物检疫站。同年，又将农业试验场与植保站等单位合并成立北京市农业试验站。地址在西郊彰化农场。

1953 年 9 月成立北京水力发电学校；1980 年更名为北京水利水电学校。

1958 年，原通州农业学校改为北京市农业学校；茶淀北京青年农场改为北京市农业技术学校——1960 年迁至房山县长阳农场马厂村，1972 年改名为北京市农业学校。2008 年更名为北京农业职业学院。

1958 年，市政府决定，以北京市农业试验站、兽医院、养鱼工作站以及中国农业科学院下放的蔬菜研究所、养蜂研究所为基础，建立北京市农业科学院，到 1962 年撤销，蔬菜所、养蜂所回归中国农业科学院，剩下的分别为北京市农业科学研究所、北京市畜牧兽医研究所、水产研究所、林业科学研究所和农业机械化研究所。1975 年，北京市农业科学研究所撤销，建立北京市农业科学院。1983 年更名为北京市农林科学院。北京市农林科学院到建院 50 周年时，共取得农林科研成果获奖 800 多项，其中，国家级奖励 50 项，部级奖励 495 项；示范、推广各类优良品种 500 余个，适用新技术 200 余项。

1963 年成立北京市水利科学研究所。

1965 年，在北京市农业学校基础上创办起北京农业劳动大学，实行中专大学二部制。1979 年重建北京农学院。从 1983 年起，借助首都一部分大学的师资力量与 9 个区县挂钩办起 11 所大学分校，从 1982—1994 年累计开设专业 47 个，共计毕业就地分配大学生 6 920 人。

1979 年 8 月，成立国内首家奶牛研究所——北京市奶牛研究所（中心）。

1984 年，成立北京市农村经济研究所，1990 年融入新成立的北京市农村经济研究中心。

到 1995 年，市、区（县）、乡（镇）三级农业技术推广体系经定编、定员、定职而日益健全，机构达到 1 200 个，人员近万名。为鼓励农业科技推广事业，北京市政府于 1990 年正式设立市级农业技术推广奖。

第三节　北京农业科研的兴起

一、农作物育种

1. 小麦育种

抗日战争胜利后，北平农事试验场开展了小麦耐寒性、抗病性鉴定等均取得成绩。

1946 年，北京大学农学院蔡旭教授从国外引进的 4 127 份小麦育种材料中，筛选出适合北京地区种植的冬小麦品种"早洋麦"（农大一号）、"钱交麦"（农大 3 号），"胜利麦"（农大 2 号），于 20 世纪 50 年代在北京地区推广，成为新中国成立后北京市第一代主栽冬小麦品种。

1957 年，北京农业大学教授蔡旭又培育成功"农大 183"，成为北京地区第二代冬小麦主栽品种；1964 年又培育出"311"冬小麦品种，成为京郊第三代小麦主栽品种。之后又相继推出"东方红三号""农大139""代45"等新品种，都成为北京地区冬小麦生产的主栽新品种。它们的共同特点是抗寒、抗病性强、多穗型，穗粒数、千粒重随着生产水平的提高而有相应的增加。

1971—1978 年，北京市农业科学院作物研究所与有关方面合作培育出"丰抗2""丰抗5"等以及"京双16"等一系列早中熟丰产品种，为当时推行"三种三收"和小麦玉米两茬平作创造了前茬小麦早熟丰产和给下茬让"时"的条件，也为北京地区冬小麦第五代更新品种。

1990 年，北京市种子公司李彰明主持培育成功的"京411"和市农业科学院作物培育的"京冬8号"等新品种，经推广，成为京郊第六代冬小麦更新品种。

2. 玉米育种

1939 年，华北农事试验场采用集团选择法，从农家种"北平黄玉"中选育出适于春播的"华农1号"，从"通州早生"中选育出适于夏播的"华农2号"，在北京地区曾沿用了10年以上。

20 世纪50年代，北京农业大学李竞雄教授完成了玉米双杂交种的三系配套研究，选育成功T型不育系、恢复系、保持系，并配置出"农大7号"等三交种，在北京地区曾沿用了10年以上。

1970—1977 年，中国农业科学院作物研究所选育成功"白单四号"玉米单杂交种，即由2个自交系杂交而成的单杂交种，这样简化了杂交亲本的培育和杂交制种的程序。但其基础在于培育高产自交系。这在玉米杂交优势利用史上更替了"双杂交种"制种的烦琐程序，成为北京地区玉米单交种第一代主栽品种。

1974 年，北京市农业科学研究所作物室育成罗系三、黄早四等玉米自交系，并用以配制成"京早七号"杂交种。它早熟高产、品质也好，深受农民欢迎。用它与丰抗号、京双号小麦搭配，成为京郊推行小麦玉米两茬平作的主栽品种，并推进京郊粮田"一年两熟"制替代了"三种三收"耕作制。

1978年，中国农业科学院李竞雄等育成的"中单2号"杂交玉米，成为20世纪80年代初北京地区夏玉米的主栽品种。

1988年，北京农业大学以"5050"为骨干自交系育成"农大60"，与由山东引进的"掖单号"杂交种，组成北京地区第三代杂交玉米主栽品种。

从20世纪90年代后期以来，北京市农林科学院玉米研究中心开拓玉米育种创新领域，在粮饲兼用型、青饲型和鲜食型等方面都取得创新性成果，育成粮饲兼用型杂交玉米"京科25"、青饲玉米"京科青贮516"、鲜食型玉米"京科糯2000""京科甜183""京紫糯218"等。

3. 蔬菜育种

（1）番茄育种。1959—1964年，北京农业大学园艺系黄小玲先生采用有性杂交系统选择技术，育成适宜春季栽培的番茄新品种"农大24号"和"农大23号"，在京郊推广。

北京市农业科学院蔬菜所张环研究员于20世纪70—90年代在引种的同时，自主培育"佳粉""佳红"等番茄新品种，其中，"佳粉一号"种植面积较大。之后柴敏担纲相继培育出佳粉、佳红及不同色泽的樱桃番茄。

（2）甘蓝育种方面。1972—1984年，北京市农业科学院蔬菜研究所贾翠莹与中国农业科学院蔬菜所合作，主持完成了甘蓝自交不亲和系的选育，并配置出早、中、晚熟甘蓝系列配套品种，均比原传统品种增产20%~30%，先后在国内23个省市自治区推广应用。到1984

年，累计推广面积达400万亩，在国内甘蓝主产区覆盖率达60%。1985年获国家发明一等奖。这是北京市农业科研成果首次获得这一奖项。

同期，同所陶国华研究员等完成大白菜早、中、晚配套一代杂交种"小杂55""小杂8号""北京100号""北京106""新一号"等的培育与推广。几乎同期还培育"青庆""绿宝""新一号""北京75""小杂56""小杂65"等一批抗病品种。其中，"新一号"成北京地区冬贮大白菜的主栽品种，亩产超过万斤。之后，又相继培育出黄心大白菜和小型"娃娃大白菜"等。

（3）食用菌育种方面。从无到有并不断发展壮大，菌种类型及产品由少到多，由普通菌种如平菇等到高档菌种及其产品如白灵菇等，已收集到500多菌株储备。

（4）其他蔬菜育种。北京市农林科学院蔬菜所是国家蔬菜工程技术研究中心，在蔬菜育种方面处于国内领先水平，研发领域极为宽广，蔬菜种类十分丰富，已开发的大白菜、油菜、甜（辣）椒、番茄、黄瓜、西甜瓜、西葫芦、南瓜、菠菜、萝卜、甘蓝、茄子及各种名特优蔬菜品种近500个，覆盖全国1 500多个市县，推广面积逾亿亩。同时，出口到海外20多个国家。

4. 林果育种

北京市农林科学院林果所在桃、葡萄、核桃、板栗、草莓、枣、杏等诸多方面通过引进、创新，培育出一批推广品种，桃类有白桃、黄桃、蟠桃、油桃四大系列数十个品种，助推了平谷区"大桃之乡"的壮观发展；该所主持选育的板栗新品种"燕红"在全国评比中占于第一而被广泛采用；麻核桃曾是古代王绅们把玩的健身品，如今成为文玩及收藏品，并成为京郊核桃生产中的特色产品。草莓是京城市场热销品，但因其栽培技术不普及、品种单一，种植面积极为有限。进入 21 世纪以来，由于该所引进、开发和设施栽培，使品种多样，周年生产面积不断扩大，四季都有上市，成为一大产业。北京市农林科学院综合所自主培育出观食两用桃，其花大而重瓣，且花期长，是观光的良好花类，其桃味美可食。

5．其他

1929 年，北平研究院建立植物研究所，开展了森林植物方面的研究。

1931 年，燕京大学开始高粱育种，历时 7 年育出"金大燕京 129"品种，比当地品种平均增产五成以上；1936 年育出"燕京 811"粟品种，丰产优质，抗白发病。20 世纪 40 年代北平大学农学院育成水稻新品种"紫金箍"，早熟粳稻。

1941 年，北平静生生物调查所胡先骕所长与同事调查发现水杉化石，后来在湖北、四川、重庆等省（市）相继发现活水杉，并于 20 世纪 70 年代从四川引到北京海淀西山山谷中种植，获得成功，共 180 棵，这种树在北京地区实属罕见。

二、养殖育种与养殖

1917 年成立的北京第二种畜试验场引美利奴羊 100 只，无偿为民间羊配种。

1922 年，通州潞河中学附属鸡场引进白来航鸡与本地鸡种杂交，然后再与白来航鸡回交，结果是：白来航×土种鸡一代，平均全年产卵量 112.0 枚；白来航一回，平均全年产卵量 179.2 枚；白来航二回，平均全年产卵量 486.2 枚；白来航三回，平均全年产卵量 187.5 枚；白来航四回，平均全年产卵量 201.7 枚。

1923 年，北平燕京大学农科引进泰姆华斯猪、波中猪、约克夏猪；

清华大学虞振镛从美国引进荷兰黑白花奶牛 12 头，到 1937 年挤奶母牛发展到 200 头。继之，北京农业大学附属农场引入纯种安雪牛。

1932 年，北平大学农学院引进波中猪、泰姆华斯猪开展杂交改良工作。

北京市农林科学院畜牧兽医所于 20 世纪 70 年代利用引进的杜洛克猪、长白猪和北京黑猪进行三元杂交，育成"杜长北"三元杂交猪，其胴体瘦肉率 56% 以上，经推广应用，成为北京地区饲养的瘦肉型猪的主要品种之一。与其同期育成的三元杂交猪"大长北"，即由大白猪、长白猪及北京黑猪杂交而成，再配合科学饲养，有效地解决了首都市场"买瘦肉难"的问题。

清代后期，德胜门外洼里、大屯、清河一带农家从九斤黄鸡种选育出"北京油鸡"，其肉质鲜美，令慈禧喜食，时称"宫廷黄鸡"，一直传承至今。北京市农林科学院畜牧所从自 1972 年开始从事北京油鸡的保种和选育工作，并繁殖推广。

20 世纪 80 年代以来，原北京市畜牧局及后来的华都集团在引进国外优良蛋鸡的基础上培出"北京白鸡""北京红鸡"，并成为本市蛋鸡生产的主推品种，在全国蛋鸡种苗市场上占有 30% 以上的份额。进入 21 世纪初，该集团峪口鸡场又育成"京红 1 号"与"京粉 1 号"配套系。两个蛋鸡配套系各项生产性能达到国际先进水平，商品代蛋鸡育雏育成期成活率 96%～98%，产蛋期成活率 92%～95%，高峰产蛋 93%～96%，种蛋合格率、受精率、健母畜率均比国外品种高 1～2 个百分点。

畜禽养殖方面，1974—1982 年，北京市畜牧局等 11 各单位完成现代化蛋鸡生产成套技术研究；1978—1982 年，北京市畜牧机械厂完成蛋鸡笼养设备的研制。上列两项研究合成建立起北京工厂化养鸡工程技术配套体系。由此推动了全市工厂化养鸡的实现。同期，开始工厂化四段养猪，到 1992 年共建规模猪场 1 034 个，每场规模约定为 100 头母猪，9 个月出栏 1 500 头商品猪（每头重 90 千克）。四段分养，母猪孕期饲养、仔猪饲养（30 天断奶）、架子猪饲养、育肥饲养。从人工化养殖开始，便采用分段饲料营养配方的配合饲料。到 1989 年，共建立规范化牛场 10 个，到 1992 年全市人均占有牛奶 24.36 千克，解决了市民"吃奶难"的问题。

三、农业耕作与栽培

1963—1965 年，北京市政府组织了 100 多万亩小麦亩产 150 千克的高产试验大会战，实行领导、专家、群众"三结合"，有 1 104 名科技人员深入基层蹲点，建立 257 个农业示范基地，经过努力基本实现了冬小麦平均亩产 150 千克的目标。

1972—1978 年，北京市农业科学院作物研究所诸德辉等与中国农业科学院作物研究所张锦熙等合作，开展北京地区冬小麦高产理论与技术的研究，提出了"小麦叶龄指标促控法"。该法应用叶片与植株生长发育和各部分器官建成具有密切相关性的原理，以不同叶龄时期的肥水效应为科学依据，用叶龄作为形态指标，确定采取促控措施的时机。可根据不同的苗情和地力，采取不同的促控法：①单马鞍（V）形促控法，即两促一控法，其株型模式为宝塔形，适用于高肥水、大群体的麦田；②双马鞍（W）形促控法，即三促两控法，株型模式为纺锤形，适用于中等苗情的一般麦田（图 4-1、图 4-2）。

从 1986 年起，诸德辉先生和李洪祥先生联手在郊区建立 100 多个小麦生育定位观察点，连续数年不间断，收集数据 900 万个，综合提出了北京地区"小麦高产的生长发育规律和栽培管理技术体系"。

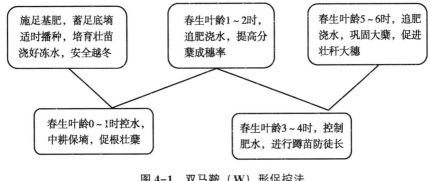

图 4-1 双马鞍（W）形促控法

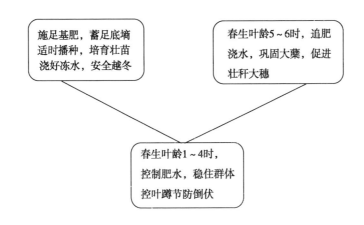

图 4-2 单马鞍（V）型促控法

1975 年，针对京郊"三种三收"耕作制度中大量套种玉米的栽培管理的技术问题，北京市农业科学院作物研究所陈国平先生等通过研究制定出《套种玉米栽培田间管理历程》图册，在京郊普及推广。

1983—1985 年，北京市农林科学院土壤肥料研究所黄德明先生等研究提出了《氮磷丰缺指标和冬小麦的推荐施肥量》；1988—1992 年北京市土肥工作站研究提出了小麦玉米土壤速效钾的丰缺指标和钾肥推荐施肥量。

1974—1978 年，北京市植保站会同科研单位查明京郊小麦丛矮病病源为杆状病毒，由灰飞虱传播，并提出采用飞机超低量喷药防治。1983—1989 年，在 5 个县开展飞防小麦丛矮病的传媒灰飞虱和后期的麦蚜。

1977—1989 年，密云县植保站完成赤眼蜂繁殖技术及防治玉米螟及林木害虫技术，并在玉米生产上推广应用，一直延续至今。之后西山林场繁殖成功肿腿蜂和丽蚜小蜂用以防治林木害虫如双条杉天牛等。

1986—1990 年，北京市农林科学院植保环保所在国内率先研究和应用果树、蔬菜无公害生产技术体系。

1979—1984 年，北京市农林科学院蔬菜研究所师惠芬女士等采用自控电热温床进行蔬菜育苗技术研究，并取得成果，帮助农民彻底摆脱靠"把式炕头育苗"低效的束缚。

从 1979 年开始引进日本"地膜"和"棚膜"，广泛试验推广地膜覆盖栽培蔬菜、瓜类和用塑料大棚进行保护地栽培，一直延续至今。

1979 年建立小麦科学技术顾问。到 1983 年，北京市农口共建立 10 个产业技术顾问团，聘请专家 164 人。

1977 年，海淀区玉渊潭镇自筹资金，建成本市第一座现代化大温室，占地 28.5 亩。但因以重油为燃料，生产成本太高，不久便退出生产。

20 世纪 80 年代，郎山苗圃从美国引进大型自控温室从事花卉等苗木组培育繁殖。之后，出现引进大型温室"热"。所引温室技术是先进的，只是技术不配套，一般生产效能（益）不高，多数赔钱。

1980 年，引进日本着色系富士苹果接穗（1 450 根），对昌平县、延庆区等重点苹果产地进行老树高接换头式嫁接，效果很好。如今郊区大部分苹果老树都经此法改造，获得新生。此法一经嫁接成活便呈树冠，且翌年即始结果，第三年即有收成。

1973 年，北京市农业科学研究所林果研究室组织协作组对郊区板栗树进行普查选优，1975 年从 216 棵优株中筛选出 35 株，经高接观察，表现突出的有"下庄 1 号""西台 3 号""下庄 4 号""下庄 2 号"，被分别定名为"燕红""燕丰""燕昌""银丰"。经国内评比，"燕红"名列第一，认定是国内最好的板栗品种。

1973 年，北京市着力试验推广粮田间作套种"三种三收"。其立体形式为 7.5 尺（25 厘米）畦，畦埂宽 2.5 尺（8 厘米），畦宽 5 尺（16 厘米）。畦内头年秋播小麦 15 行；翌年麦收前 15 天套种玉米；麦收后在畦中抢种早熟高粱或谷子、黄豆等生育期短的作物。全年亩产大约是人们所说的"三三得九（百）"斤，一般是"过长江"。在 20 世纪 70 年代成为粮田的主导形式。其间，在学者中则出现强烈争论，集中点是"三三得九"不如"二五一十"，即"三种三收"不如"两茬平播"。理由是前者费工不高产，尤其第三茬一般所收不多，而人们付出的艰辛不少；"两茬平播"可行机械化，工作效率高，省工、种严、好管、产量高。而"三种三收"推行者认为，本地区积温有限，是一茬有余、两茬不足，而当时小麦、玉米品种的生育期都较长，加起来积温不够，后茬玉米难成熟——这确是事实。好在科研人员从争论中吸收"营养"，分别着力培育中早熟小麦、玉米新品种。相继培育出中早熟小麦新品种"京双 16 号""丰抗 2 号""丰抗 5 号""有芒白 1 号"等，早熟玉米"京早 7 号""京黄 115"等以及从山东引进的"掖单号"早熟品种等，使小麦、玉米上下两茬平播的耕作制度逐渐形成主流，并确稳产"二五一十"，至今仍在沿用。

1982 年，北京市大兴县长子营乡留民营村在市环保研究所卞有生的帮助下，试验成功以秸秆、畜禽粪便为原料的沼气发酵装置，建立了以沼气为燃料，沼液、沼渣为肥料养地沃土的生态农庄。1987年，该村被联合国环境规划署命名为"世界生态农业新村"，成为世界500个生态村之一，开创了本市生态农业的先河。

1986年，北京地区由北京农业大学和中国农业科学院蔬菜研究所合作采用滴灌袋装栽培番茄，进行无土栽培试验，亩产5 166千克。之后无土栽培兴起，形式多样。

四、水产育种与养殖

从20世纪80年代以来，通过引种使本市的水产养殖由过去单纯的"四大家鱼"（青鱼、草鱼、鲢鱼、鳙鱼）扩展到集结国内外名特优鱼品，其中既有温水鱼如罗非鲫鱼等，亦有冷水鱼，如欧洲鲟鱼及虹鳟鱼等，花色品种不下20~30种之多。

1954年开始坑塘养鱼，到20世纪60年代实现鱼苗自繁、自育、自养、自给。1958年开始向官厅水库放养鱼苗。

1984—1986年，市水产局试验并完成坑塘养鱼高产研究，总结出3个产量级、9种方式的池塘养鱼模式。

1988—1989年，北京市水产研究所取得以鲤鱼为主的平均亩产1 801.9千克，最高亩产达2 503千克的成绩。

1987—1990年，市水产所完成了虹鳟鱼流水养殖试验，亩产达2 987千克，每升水/秒生产虹鳟鱼611.6千克。之后房山区十渡镇、怀柔区雁栖湖镇开展了大面积的流水养鱼。

1985年，北京市首次从日本引进池沼公鱼发眼卵1 000万粒，放入怀柔区北台上水库，到1990年在5个区县12个水库水放养。1990年平谷海子水库引进江苏大银鱼放养成功。

五、其他方面

1958 年，北京地区开始人工防雹。

1961—1963 年，为适应当时抗旱需要，北京市气象局在南苑机场利用飞机播撒干冰、盐粉或尿素粉，对京津地区上空的层状冷、暖云进行人工增雨催化作业，取得一定增雨效果，开创了北京地区人工增雨的先例。

1974 年，墨西哥赠送北京滴灌设备，被安装在密云水库下 35 亩果园中进行试验。经观察，比地面漫灌节水 64%，增产 52%。1973—1975 年，市水科所在东郊农场完成麦田滴灌试验。从此，喷灌、滴灌技术在京郊麦田、果园、菜田陆续使用，并逐步推开。进入 21 世纪，喷灌成为大田主要节水设施，滴灌及微喷成为设施农业中的节水装备。

1990—1995 年，北京市对"前山脸"进行人工爆破造林 1 499 公顷，植树 215 万株，成活率达 92.2%，解决了历史上人工在石质山地造林难的问题。

20 世纪 90 年代后期起，本市农产品开始全方位进行安全和标准化生产。截至 2007 年年底，市级农业标准化示范基地达 1 020 家，503 家农业生产单位获得无公害农产品认证，61 家企业获得绿色食品认证。农产品注册商标达 2 716 件，获得地标产品证书 6 件，到 2015 年增加到 22 种。

1997 年起，北京市农林科学院植物营养与资源研究所开始研发新型长效可控缓释肥，到 2005 年投产并予以推广。

2004 年，北京市农林科学院植保所试验成功杨树林下种植蘑菇。由此引起社会上广泛利用林下种菇、养鸡、种花、种菜、种豆等，发展林下经济。到 2010 年，总面积达 25 万亩，增收 2 亿元，林农户增收

1.2万元。

2005年起，北京市累计投资1.033 49亿元相继建立3 975个益民书屋，在全国率先实现"村村有书屋"。

第四节　北京农业中的创举

（1）一万年前的"东胡林人"和"转年人"创造了制作新石器的4个创新技术，即切、钻、琢、磨。已有史上记载的都为"磨制新石器"。目前，只见北京大学王东、王放著的《北京魅力》中记有东胡林人创制新石器的四项技艺。

（2）"东胡林人"遗址和"转年"遗址出现有农业出现相伴的陶器被称为"万年陶"。这是目前他地罕见的。

（3）北京地区原始农业的出现被称为"中国北方农业的源头之一"（王东、王放语）。

（4）北京地区"山顶洞人"遗址出土遗迹表明，本地区京西大峡谷是猪、犬驯养的源头。

（5）早在商代，北京地区的居民就认识了铁与应用。在平谷区刘家河遗址出土了铁刃铜钺。据资料表明，连同该钺国内目前只发现两件。经鉴定刃铁是由陨铁锻成（见于《北京魅力》）。

（6）商周时期，手工业分化为独立的产业部门，原始商业活动更加活跃。

（7）早在西周时期，现在房山长沟地区即已种植水稻（见于《京畿古镇长沟》）。

（8）春秋战国时，北京地区就出现矿冶炼铁和制作铁器农具，并出现牛耕。

（9）汉代，北京地区清河镇米房乡古城遗址中出土了汉代冶铁遗迹和耧足（播种用）等铁制农具。西乡侯张既在长沟（当时是西乡县）发明了水磨，建立起水磨作坊，直至20世纪70年代方被电磨取代。

（10）从西汉开始，即开始采用"温室"栽培王瓜、韭黄于冬季上市。

（11）1956年在永定河引水工程中发现汉代陶井150余店。1965年，在宣武门到和平门一带又发现多处陶井。这说明在汉代，北京地区已采用陶井提水灌溉。

（12）五代时，已引种西瓜，至明清时一直成为"贡品"。

（13）曹魏时期，驻幽州征北将军率部在永定河石景山段首次修建戾陵堰和车厢渠引水工程，"灌田岁两千顷，凡所封地百余万亩，谷宜三种"（《水经注》见卷十三）。这是北京地区古代首次出现的规模较大的水利工程。

（14）唐代在隋朝所修运河的基础上完成了北运河的修建工程，使南北大运河直达北京通州；唐代北京幽州城出现农业商业行铺。

（15）辽代在北京（时为南京）首创"内果园"，内设"栗园司"专司"栗园"建设与发展。从辽代北京地区出现了"糖炒栗子"并流传至今。

（16）从辽代开始，北京（时为南京）出现了由政府管理城北市场，开放农业品交易。

（17）金代在中都首建金鱼池，开创了金鱼养殖业。从此，北京地区出现了渔业养殖。

（18）元代大都地区出现了"锄社"，即小农们自发组织起来，"先锄一家之田，本家供其饮食，其余依次之，旬日之间，各家田皆锄治"，"间有病患之家，共力锄之"，从而做到"亩无荒秽，岁皆丰熟"

（见《元典章》卷二十三）。之后又发展为村社组织。

（19）明代出现"养种田"，认识到"好种出好苗"（见宗应星《天工开物》卷上）。

（20）明代（神宗万历三年）工科给事中徐贞明在北京地区首次提出京东水稻种植规划。

（21）明代首创京城四郊开辟成蔬菜生产基地，品种达 30~40 种（孙承泽《春明梦余录》卷 64）。民营菜田有"蔬百畦可当帛"之说（见王家谟《石瓮记》），意思是说种 100 畦蔬菜，可以得到相当于 25 匹丝织物的报酬。可见，当时专业户种菜的规模和收益是可观的。

（22）清代，康熙皇帝在丰泽园采用单株选择法培育出早熟、丰产、品质好的水稻新品种"御稻米"。采用单株选择法育成作物（水稻）新品种并推广应用，比国外用单株选择法育成甜菜新品种早 100 多年。

（23）清代在水利建设上采取"修堤疏堵"和"引清（水）冲浊（水）"，使当时的永定河不再泛滥成灾，且浑水变清，康熙便赐无定河或浑河为"永定河"，并立碑铭记，"使永定河大约平稳了三十年"（见曹之西《北京通史》卷七）。

（24）明清两朝民间分别培育成功"北京鸭"和"北京油鸡"，成为本市知名鸭、鸡名品，都为当年宫廷贡品并传承至今。北京鸭于 19 世纪传到欧美，并成为英国樱桃谷鸭的源祖。

（25）20 世纪 70 年代初开始，由北京市奶牛研究所牵头主持，国内有关单位研究人员参与合作培育中国的黑白花奶牛。经过十多年的共同努力，育成"北京黑白花奶牛"，后改称"中国荷斯坦奶牛"，这是中国唯一的在引进、消化、吸收基础育成的奶牛。

（26）同期由北京市农场局系统（北郊农场）与中国农业科学院畜

牧研究所、北京农业大学畜牧系合作培育成功（到 20 世纪 80 年代中期）"北京黑猪"。南郊农场随后培育出"北京花猪"，填补了本市没有本地产优良猪种的空白。但因花猪种性不如北京黑猪，在市场上没有什么名气。

（27）20 世纪 90 年代，北京市畜牧局（后改为华都畜牧集团公司），在本市培育出"北京白鸡"和"北京红鸡"（均为蛋鸡品种），专家鉴定认为达到国际先进水平。

（28）20 世纪 70 年代中期起，破天荒地引进西方畜禽良种和机械化、半机械化大型养鸡（蛋鸡为主）、养猪、养牛技术，创办大型养鸡、养猪、养牛场，替代了数千年的由农户分散养殖的历史，有效解决了长期以来市民"吃肉难""吃蛋难""吃奶难"的问题；70 年代后期和 80 年代又相继发展池塘养殖淡水鱼，池塘面积曾达 12 万亩，引进饲养鱼品种 30～40 种，亦有效解决了首都市场买鱼难的问题。同期，北京市还破天荒地发展起海上及海外捕鱼船队。

（29）1983 年，北京市农林科学院蔬菜所建立起由国内外引进的名特优蔬菜示范园（时称"小菜园"），朝阳区太阳宫乡建"特菜"示范基地。从 20 世纪 90 年代以来"特菜"就逐渐进入市场，走上百姓餐桌，成为郊区蔬菜生产中的名品、首都市场的精品。

（30）20 世纪 80 年代，北京市农林科学院自主培育成功的"京欣一号"西瓜，一举成为本市的主栽品种，而且品质优良，推广到全国，并在科技体制改革初期成为本市第一个有偿转让的农业科研成果，转让给大兴县种植。

（31）在进入知识经济时代，北京市农林科学院农业信息技术研究中心于 2003 年在京郊昌平区现代农业科技园租地 3 000 亩，开展"精准农业"试验研究。从美国引进精准农业机械和采用卫星导航系统

（GPS）、地理信息系统（GIS）和遥感系统（RS）等高技术进行综合应用研究。在国内通过引进再创新率先获得精准农业研究成果，并在新疆及东北垦区推广应用。

（32）北京市农林科学院植保环保所于 20 世纪 80 年代在国内率先研究，并取得蔬菜、果品无公害生产技术体系，为后来全市推行农产品安全生产奠定了技术基础。

（33）北京市林业部门从本地区生态宜居需要和对脆弱生态环境的治理出发，用科学理念和人文口号激励与引导首都植树造林、绿化美化京华大地，取得绿染京华的美好景观，这些理念和口号有：

组织动员："弘扬生态文明，共建绿色北京""城乡手拉手，共建新农村""创绿色家园，建富裕新村""全民参与，共建共享"。

绿化目标："三季有花，四季有绿""绿不断线，景不断链""生态良好，环境优美"。

绿化思路："公园下乡，森林进城"。

沟域治理目标：建设"山会招手，水会唱歌，树会说话"的秀美富裕的新山区。

湿地恢复：要"林中有水，水中有林，林水相依""宜林则林，宜湿则湿"。

在校园绿化行动中的动员令："体验绿化的劳动、共建绿色校园。"

经过多年坚持不懈的绿化与美化，首都北京呈现出"城市青山环抱、市区森林环绕、郊区绿海田园"；新农村建设呈现出"村在林中，路在绿中，房在园中，人在景中""以绿净村，以绿美村，以绿兴村，以绿富村"；农田实现了"三季有绿，四季无裸露"；山区形成了"山清、水秀、天蓝、地绿"的生态屏障。

（34）自 1994 年开始本市提出城郊型都市农业，至 2005 年转变为都市型现代农业，可以说是一次历史性飞跃。整个传统农业和后来所称的城郊型都市农业，其农业地域都在城市之外的郊区，包括通常所说的近郊区——明清时所称的京城西郊、东郊、南郊、北郊即为近郊，现代一度称朝阳、海淀、丰台、石景山大部分（二环路外）为近郊。处于朝、海、丰、石地域之外的地域称之为远郊，辖有大兴、通州、顺义、平谷、密云、怀柔、昌平、延庆、门头沟、房山等 10 个区县。那时虽处城郊，但其首要任务是：古代为供养城市，现代为服务首都。因此，称其为城郊型都市农业，这种从北京农业的地域与功能上所作定位是比较确切、明了的。

在城乡统筹、推行城乡一体化中，北京市提出发展都市型现代农业，内涵比起"城郊型都市农业"要开阔的多。第一，有着深刻的转型背景：一是农村城镇化，京郊农村逐渐转变为城镇化的社区制；二是农民转变为拥有集体资产的市民，他们在土地流转中既可务农、亦可务工、经商，已出现市人下乡务农，村民进城打工，呈现出城乡一体化。第二，都市型标志城乡统筹共谋新型农业，已形成农地新布局、业态多样性、功能大提升。农业地域已由囿于北京市辖郊区内呈现出：一是向城市延伸发展具有城市地域特色的城市农业，其业态为"会展农业"、景观农业等；二是向周边境外延伸发展合作农业。这样就使本市在农田锐减情况下，仍可保障服务首都的唯一性及高端农产品的供给和风险应对的空间。第三，运用现代高新技术和现代物质装备支撑农业，以现代信息技术、产业体系来经营农业，由具有现代科学文化素质的新型农民来管理农业，集约发展籽种农业、设施农业、循环农业、科技农业以及观光农业，充分发挥生产、生态、生活、示范等多种功能，并以质量效益为中心，以市场为导向，提质增效，惠农富民。

比较而言，城郊型都市农业基本增长方式是粗放式外延型增长，以耗费资源为代价；而都市型现代农业是集约式内涵型增长，使有限资源效益最大化。

第五节　科技对北京农业发展的贡献

马克思讲"科学技术是生产力"，邓小平讲"科学技术是第一生产力"。时至当代，科学技术确实已成为北京现代农业发展中的"第一生产力"。

一、高新科技在农业上的应用

1999 年，北京市农林科学院农业信息技术研究中心承接国家发改委和科技部列项的精准农业研究，其核心信息技术是计算机及"3S"的应用，到 2005 年完成，已在国内 20 多省市推广应用。

1997 年，北京市农林科学院农业科技信息研究所接受市政府农林办公室及后来市科委的"农民远程教育研究"项目，构建起国内首家"农民远程教育及科技服务体系"。经多年创新完善已形成覆盖京郊"最后一千米（村）"、辐射国内多省市乡村的"北京模式"（联合国教科文组织驻亚洲代表语）。

20 世纪 80 年代初期，北京市农林科学院综合研究所利用航空遥感技术对京郊冬小麦进行估产，其成果获国家 1987 科技进步一等奖。之后遥感技术、地理信息系统及卫星定位系统（即"3S"）在北京农业中成为常用高科技。

1986 年起，北京市农林科学院作物研究所在对小麦定点系统观察的同时，搜集相应期间的气象、土壤、植保等方面的数据 400 万个，与定点系统观察获得 300 多万个数据合拢运用计算机、人的智能技术，

1994 年建立起"小麦管理专家系统"（ESWCM），包括 19 个知识库、9 种类型、72 个小麦生长发育规律机制模型。与区县之间建立了计算机通信和信息网络，覆盖了京郊 95% 的麦田面积。经 1994—1995 年的 2 年示范应用，90 个试点地块在原有产量水平上平均增长 10%~15%，成本降低 5%~7%，效益提高 15%~20%。

1991—1994 年，北京农业大学与北京市农业技术推广站，合作研究建立"北京地区水稻生产计算机辅助决策系统"（DSSRPM），之后进入生产应用。

1991 年，北京市植保站与中国科学院遥感所等 17 个单位合作，开展"GPS 导航技术在农业飞防中应用研究"。1993 年 5 月，在北郊农场进行了生产性应用试验，防治麦蚜 2.5 万亩。1995 年在北郊农场再次飞防小麦蚜虫试验，防治面积 3.8 万亩，都取得了预期效果。由此建立起实时差分 GPS 导航系统；制定出 GPS 导航自动化设计软件和 GND-Ⅱ型 GPS 导航专用显示器；制定了《GPS 导航农业飞防作业规程（草案）》，为后来大面积推广应用提供科学依据。

1994 年，北京市农业局与北京城乡经济信息中心共同实施《北京市基本农田管理 GIS 的开发应用》项目，建立起用于基本农田管理的信息系统软件；编写《GIS 技术用于基本农田管理》一书。

1998 年，北京市农林科学院农业科技信息研究所在市科委列项研发农业数字图书馆并获得成果，使原来只能面向本院查阅的四十万册纸质图书转化为电子图书，并为院外人士提供远程查阅的方便。

1976—1982 年，北京市农业科学院胡道芬先生（女士）与有关方面合作利用花粉培养技术育成"京花一号"小麦品种，并大面积应用于生产，在国际上处于领先水平，1984 年获北京市政府科技特等奖。

1979—1982 年，海淀区植物组培中心蒋仲仁等采用柿子椒花粉培育出"海花三号"甜椒新品种，在国内广为推广。这是花培技术首次在蔬菜育种上的应用。

北京市农林科学院蔬菜研究所，在大白菜育种方面建立了大白菜多材料复合杂交创新种质技术、晚抽薹和烧干心病抗性人工控制环境下的鉴定技术；基于小孢子培养的抗软腐病突变体筛选技术，构建了与国际 A 基因组参考图谱的连锁群及 10 对染色体完全对应的大白菜永久分子遗传图谱；获得了并应用于 1 号染色体末端的与橘红心连锁的 3 个 SCAR 标记；对白菜 TuMV、霜霉病抗性进行 OTL 定位研究。利用多材料复合杂交育成 4 个品种，利用细胞工程技术育成两个品种。

2009 年 3 月，北京农学院动物科技学院倪和民教授开始启动国家基因重大专项。2010 年对挑中的 27 头牛做了转基因的"试管婴儿"，未获成功。第二年对 200 头分两批进行试验，结果有 7 头牛当了妈妈。最后成活了两头，既"萌萌"和"妞妞"，且是"雪花肉"的体质。到 2013 年 7 月 19 日，这 2 头转基因克隆牛"萌萌"体重 307 千克，"妞妞"体重 403 千克。

北京市首农集团牵头组织实施奶牛超数排卵和胚胎移植加速繁殖优良种牛专项。

"十一五"（2005—2010 年）期间，北京市农林科学院小麦育种中心利用自己培育的光温敏不育系进行二系杂交，选育出杂交小麦"京麦 6 号"等杂交种，较一般小麦良种增产 15% 左右。杂交小麦种子已被巴基斯坦引种。

自 2002 年起，北京市农林科学院玉米研究中心采用单粒种子 DNA 快速提取技术及 SSR 技术应用于玉米杂交种纯度和真伪检测，具有简便快速，准确可靠，且成本低廉。

2012 年 11 月 25 日，北京市农林科学院蔬菜研究中心宣布完成了世界首张西瓜基因组序列图谱的绘制和破译。这是由中国主导完成的世界第一张西瓜基因组序列图谱。将引导西瓜功能基因组学研究和分子改良育种迈进一个全新的发展阶段，极大地拓展了挖掘利用野生种质资源中抗病、抗逆等优异基因的广度和深度，显著提高含糖量、瓤色、营养品质等复杂性状改良的可操作性和新品种选育效率。

2011 年，北京市农林科学院植保环保研究所研究发表了"采用分子遗传标记揭示重大害虫小菜蛾迁飞规律"。此文发表在 PLOS ONE 和 DNA and Cell Biology 上。小菜蛾是世界上发生最为严重的十字花科蔬菜和油料作物害虫，可造成 90% 以上的蔬菜产量损失。全球每年造成的经济损失高达 40 亿~50 亿美元。它是一种迁飞性害虫，经分子遗传标记基因流研究揭示，南方种群向北方迁飞数量非常大，而极少回迁。北方种群南迁的数量非常少。这对于北方地区弄清小菜蛾的发生规律，制订有效的预测预报和治理策略提供了科学依据。

2003 年，北京市农林科学院农业信息技术研究中心主任赵春江在国家科学技术部组织召开的"数字农业与农村信息化发展战略研讨会"上结合自己研究发表了"对中国数字农业技术发展的战略思考"。文中提出："数字农业将用数字化的技术重塑现代农业，从根本上改变我国农业传统落后的面貌，有力推动农业增长方式转变和农业生产与农业经济结构调整优化，加速农业现代化进程，全面提升农业国际竞争力"。

2012 年与 2014 年，北京市土肥工作站赵永志、王维瑞先后编著出版《数字土肥建设的原理方法与实践》和《智慧土肥建设方法研究与实践探索》，站在高技术领域探索与实践高技术在本市土壤与肥料工作中培养"地力常新壮"的应用，以提高本市土肥工作与技术的现代化水平，适应数字农业或智慧农业的发展需要。

二、科技对北京农业的贡献

实践表明，在农业生产力中各要素是按"木桶原理"组合而构建起来的。木桶的容量和价值取决于最短的那个板块。同样，农业生产力这个木桶的三要素——劳动者（力）、土地及生产资料——随着时代的变化、社会的进步也会出现不适应的"板块"。解决的办法，就是靠科学技术的渗透与提升。

1. 提升劳动者素质

通过科学技术的推广，不断提升劳动者的科学文化素质，使其成为"有文化，懂技术，会经营"的新型劳动者。据资料显示，"十一五"京郊农民受教育年限达到12年，普遍都受到职业技术与技能培训，掌握几手实用技术。农民素质提升的途径有：一是技术培训，由市、区县、乡镇农技推广单位组织为主；二是远程农业技术传授，由北京市农林科学院信息所主办，教育站点已覆盖所有郊区县、乡镇和行政村，实现了"村村通"；三是3 975个村都建立有"益民书屋"；四是科技入户进村到田间进行身传言教；五是出国进修、培训；六是专门培养"草根专家"；七是创建农民"田间学校"，实行手把手式技术培训等。

2. 提高农业生产效率

科技提升劳动生产率和土地产出率，推进农业经济增长由主要靠外延转变为开拓内涵——即集约型增长。

提升劳动生产率：一是农民智能化，用最少的活劳动获得较高的劳动效率，如温室自控系统；二是走机械化、电器化之路。大田耕、种、收及灌溉、植保已全部使用机械，设施农业的耕、灌溉、植保、调控等环节实现机械化；三是土地流转起来、组织起来，资产经营起来，使分散的家庭经营发展为规模经营，提高规模效应，更好地配置资源，因地制宜调结构、转方式、增效益。

提高土地的产出率：一是科学培养地力，保持"地力常新壮"，持续提高每茬作物的产出能力；二是提高农地的复种指数，持续提高单位面积的产出能力；三是适度发展设施农业，实行农地由露地的季节生产转变为周年生产，使一亩地当几亩地种；四是科学（优化）配置生产力要素，实现地尽其力、人尽其才、物尽其用。

3. 农业业态创新

——都市农业：1994 年朝阳区提出发展都市农业（城郊型），2005 年北京市政府提出发展都市型现代农业，使北京农业的地域由郊区扩展进城区，被圈定为城市农业发展圈；向外拓展分别为近郊农业发展圈、远郊平原农业发展圈、山区生态涵养发展圈以及周边合作农业发展圈。

——观光农业：1997 年兴起到 2008 年京郊观光农业园数量达到最高峰 1 332 个，此后，在调整升级中数量有所下降，但规模和质量有所提升。

——籽种农业：1996 年提出一直延续至今。《北京种业发展规划（2010—2015）》中提出建设种业之都的目标，经过多年的建设与发展，目前基本确立了全国种业"三中心一平台"的地位，即全国种业的科技创新中心、全国及世界种业企业的聚集中心、全国种业的交易交流中心、全国种业发展平台。

——创汇农业：1996 年提出并实施，是以针对出口创汇为目标的农业。

——循环农业：2005 年都市型现代农业中提出。

——科技农业：2005 年都市型现代农业中提出。

——景观农业和会展农业：2007 年作为城市农业发展圈中的两项重点内容。2014 年全市共举办 4 项农业会展活动和 27 项农事节庆活动，其中，农业会展接待游客 110.7 万人次，总收入 5 021.7 万元，农事节庆活动接待游客 233.4 万人次，总收入达 1.8 亿多元，平谷区第 16 届国际桃花音乐节接待游客 107.23 万人，实现收入 6 518.23 万元。第二届农业嘉年华接待游客 98.4 万人次，实现收入 2 510.5 万元。

——创意农业：2005 年 12 月，北京市委九届十一次全会中提出发展创意产业；2009 年北京市农业局提出，"积极探索推动，创新农业发展。拓展都市型现代农业的内涵，丰富都市型现代农业的内容"；由北京市农村工作委员会主办的"中国创意农业（北京）发展论坛"于 2009 年 12 月 15—16 日在北京举行。

——精准农业：20 世纪 80 年代由美国提出，2003 年北京市农林科学院农业信息技术研究中心在国内率先引入试验，并经努力获得成功，相继在国内推广应用。

——生态农业：20 世纪 80 年代，市环保所下有生先生在大兴区长子营乡留民营村开展试验研究，探索农业废弃物——秸秆、畜禽粪便的多级利用。将秸秆喂牛，牛粪、禽粪制作沼气——作为居民燃料，沼渣、沼液肥田沃土，形成农业废弃物的循环利用。并建立了本市首个生态农场。之后顺义、密云、延庆相继被国家定为生态农业示范区县。

——节约型农业：21 世纪初农业部提出发展"节地、节水、节肥、节种、节药"等五节为中心的节约型农业，既节省农业成本又维护生态环境。

——数字农业：1998 年起，北京市农林科学院即着手以计算机操作为核心综合运用多种信息技术手段探索研究数字农业。

——低碳农业或碳汇农业：过度的碳排放，造成了"温室效应"。发展碳汇农业，就是要使农业环境内碳排放与吸收达到平衡，无过剩碳排放。2014 年年初，首届北京低碳农业技术研讨会透露，"北京低碳农业具有成为'净碳汇'的潜力"，其"潜力达 2 000 万～3 000 万吨二氧化碳当量，不仅能抵消农业源碳排放，还能抵消 6%～10% 的总量排放"。

2008—2012 年本市农业减源增汇 1 300 多万吨二氧化碳当量，其中，种植业和养殖业共可减源 430 万吨二氧化碳当量。

——品牌农业：品牌农业涉及多学科科学技术的渗透。据资料显示，已有农业商标品牌产品 4 300 种，品牌是社会公认的合格而有特色的产品。

——设施农业：对于北京地区冬季长的特点来说，设施农业可以做到扬长（光照充足）避短（寒冷），实现周年生产，充分发挥土地利用潜力增加物质财富，保障周年供给城市。简单的设施农业从西汉时即有，用以生产黄瓜、蒜黄等。如今已形成自动控制的连栋温室，并与日光温室、塑料温室及中小棚相结合，以适应不同生产的需求。

——空间农业（蜂产业）：蜂业是京郊传统养殖业之一，但一直规模不大，进入 21 世纪后有了较大发展。2009 年年底全市蜜蜂饲养量达 23.7 万群，其中，山区 22.6 万群，蜂产品产量达 1 204 万千克，总产值 1.5 亿元，蜂产品加工产值 8 亿元，出口创汇超过 900 万元。蜂产业不占用土地资源，一地采完飞往另地，春、夏、秋南来北往迁飞，逐花采蜜为人类创造财富。

以上每一种创新业态都是都市型农业现代农业的新的增长点。

4. 农业制度创新

在漫长的封建社会制度下，农业主要由小农——小地主所有者家庭经营，其土地是公权私有，在兼并中常常失地而成佃农或雇农。

新中国成立后进入社会主义社会，开始是公权私用，进入合作化阶段后是公田集体使用。在"一大二公"的人民公社体制下，实行集体核算队为基础。在管理中出现"干与不干一个样，出工不出力，多劳不多得"的乱象，致使农业生产发展极为缓慢。1952 年农村牧渔业总产值为 2.5 亿元，到 1978 年也只增加到 11.5 亿元，农村居民人均年纯收入到 1956 年为 136.2 元，到 1978 年也只增加到 225 元，而这一年人均家庭支出即达 219 元，几乎没有节余。改革开放后，人民公社制解体，先后推行家庭联产承包责任制和家庭承包经营制，进而实行土地使用确权，或有偿流转，这就是公田私用双层经营制度，极大地调动了农民的主人翁责任感和自主创业、立业的积极性和创造性，推进北京农业生产力持续快速增长。1988 年，农林牧渔业总产值及增加值达到 52.6 亿元，10 年间平均每年递增 4 亿元；1998 年则增加到 174.8 亿，10 年间平均每年递增 12.2 亿元；2008 年增加到 303.29 亿元，10 年间平均每年递增 13.29 亿元；2014 年，农林牧渔业总产值为 420.1 亿元，6 年间平均每年递增 19.4 亿元。

农村居民人均纯收入。1978 年为 225 元，1988 年则为 1 063 元，平均每年递增 83.8 元；1998 年则达 4 029 元，平均年递增 296.26 元；2008 年达 10 747元，平均年递增 671.8 元；2014 年达 20 226 元，平均年递增 1 579.8 元。

从 2005 年起实行工业反哺农业，城市支援农村，对农民多予，少取，放活。

从 2006 年起取消实行了 2 600 多年的农业税制。

从 2005 年起，基础性投资向农村倾斜，当年北京市投向远郊 10 个区县的资金比例由 2002 年的 2∶8 调整为 5∶5；同时，取消农民的义务工制度。

农业经济体制的深化改革，使生产关系更加适应了生产力的发展和农民自主创业精神的发挥。

5. 农业产品创新

农产品创新本是农业经济发展中最基本的操手。但在供给紧缺的情况下，为应对温饱问题，就只有在"以粮为纲""增加产量"上下功夫，而很少顾及产品质量和花色品种多样化。

从 2000 年我国总体进入"小康"以来，都市型现代农业则十分重视农产品创新，以实现"质量与效益为中心"的宗旨。北京都市型现代农业明确要求农产品要达到"生态、安全、优质、高效、高端"的目标。这就要求以科技创新引领产品创新，从而提升农产品的质量与效益。其基本做法如下。

一是引进、培育名、特、优、新动植物新品种，发展精品生产。二是创品牌产品和地标产品。到 2008 年创品牌产品达 4 500 多个，到 2013 年创地标产品 12 个，到 2015 年增加到 22 个。三是发展标准化农产品，主导产品标准化覆盖率已达 90%。四是按照有关标准生产无公害、绿色和有机产品和地标产品。1984 年高残留的有机氯农药全面停用。截至 2008 年，全市有 562 家企业的 1 023 个产品，获得无公害农产品认证，71 家企业的 342 个产品获得绿色食品认证，404 家企业的 1 711 个产品获得有机食品认证。因产品创新农业经济效益也不断提升。

6. 发展理念创新

在传统农业时期，人们对农业的增长方式几乎约定俗成，年复一年，如今人们务农的谋略以市场导向与时俱进。其做法是审时度势，因势利导。

一是确立"科学技术是第一生产力""把农村经济的发展转移到依

靠科学依靠科技进步和提高劳动者科学文化素质的轨道上来"，着力把农民的劳动力转化为农业劳动资本。

二是着力调整优化农业结构，发展优势产业、特色产业，已形成一批具有唯一性的农业产业群。一些传承百年以上历史的"贡品"如今已开发为唯一性名特产品，收益大增。如门头沟区军庄镇东山村"京白梨"每千克采摘价 20~30 元；房山区霞云岭镇一户农民一颗麻核桃树结了 900 多个文玩核桃卖了 9 万多元。20 世纪 80—90 年代，池塘养的主要是草鱼、鲤鱼、胖头鱼等普通鱼品，售价虽不断有所提高，但很有限。进入 21 世纪初，鱼品则多为名特优鱼种，如虹鳟、鲟鱼、鲑鱼、罗非鲫鱼等。这些鱼品不仅提高了档次，还使郊区已往白白流走的冷泉水和温泉水得以利用。市农林科学院蔬菜研究所 1983 年所建的"小菜（特菜）园"，至今在郊区已发展到 2 万多亩，市民青睐，农民收益不菲。

三是粗放型增长方式转变为集约型增长方式，精准运筹资源利用，发展设施农业、循环农业、籽种农业、科技农业等，使有限的"瓶颈"资源产出较高效益。

四是通过"土地流转起来、资源经营起来、农民组织起来"，发展规模经营，实现劳力、物力、财力、科技力聚合高效运转。

五是由单纯的产品生产与经营转向多层次增值的产、加、销一条龙，贸、工、农一体化的经营模式，提高农业的附加值。到 2009 年，本市有农业企业 4 152 家，分布在种植业、养殖业、水产业、农业信息化、现代装备、资源高效利用、生物质能源、农产品加工、生物技术、农产品物流配送等各个领域。

六是向山沟进军。在非农用田强劲竞争下，北京平原土区农地锐减，所剩农田已种满种严。2008 年北京市第二次山区工作会议正式提出发展"沟域经济"，探索一种新的山区发展模式。市新农村建设领导小组办公室印发了《关于推进沟域经济发展试点工作的通知》，点燃了山区沟域开发星火。由此，有 62 个山区乡镇对 164 条沟域的资源状况进行了系统摸底统计和初步规划，其中，有 69 条沟域完成整体规划，起步时先在 7 条沟域进行试点，不合理的经济林改为生态林，并进行山区绿化与美化，在生态改善的基础进行旅游和物色产业开发，由过去的"靠山吃山"变为"养山富民"，整个山区呈现山清水秀人兴，取得可喜成效。

7. 农业功能创新

2005 年，北京市提出发展"都市型现代农业"并对农业功能提出创新性的表述，即开发生产功能，发展籽种农业，其核心是提高农业的经济效益，促进农民增收；开发生态功能，发展循环农业，采用适宜品种和技术及装备，实现耕地的四季全覆盖，农业废弃物资源化再利用，保护环境，提高资源增值率；开发生活功能，发展休闲农业、观光休闲农业，既可提高产品价值，还可提升其附加值，既可满足市场需要，又能增加农民收入；开发示范功能，发展科技农业。北京地区集结着得天独厚的科技优势，又有广泛的国内外科技、人才流，是科技兴农、发展现代农业的首善之区。如今的北京农业可以称得上是世界农业的"地球村"，聚集着许多国家的名特优农业资源及先进技术，助推着北京农业的现代化，在国内具有示范作用，对国外是一个窗口。

这 4 种功能的发挥，就农业经济来说其增加值的总和远远高于过去单一的生产功能，而所用的资源，特别是土地、水等资源总和则不会超过单一生产功能所占有的份额。因为，这些功能的开发基本上都是基于农业生产功能之中孕育而生，是资源叠加利用的衍生功能，也可称之为提升附加值的升级版。

8. 提升农业综合生产力

从 20 世纪 90 年代开始，北京粮食作物耕地面积亩产即达到 500 千克以上，比 1978 年增加 100 多千克；2008 年蔬菜亩产（播种面积）3 141.4 千克，比 1978 年增产 1 194.4 千克；2008 年年末，生猪出栏292.26 万头，牛 11.9 万头，羊 89.98 万只，家禽 11 982.98 万只，分别是 1978 年的 1.6 倍、99 倍、7 倍和 30 多倍；从 1984—2000 年，全市淡水鱼总产量从 1.01 万吨增加到 7.5 万吨，平均每年递增 13.35%。

农业综合生产能力的提升正是在以上 5 个"瓶颈"日益趋紧的情况下，靠抓改革、调结构、科教兴农、促发展所取得，靠生产条件的大幅度改善。

一是科技投入大幅度增加。从 1983 年起市政府农林办公室及后来的北京市农村工作委员会把年度农业技术推广计划进入常态化，相应的经费投入由 30 多万元逐渐增加到几千万元。为激励科技人员从事技术推广见成效，1990 年始设北京农业技术推广奖，奖励资金也不断提升，促进高新技术源源进入农村经济建设主战场。据市农委资料显示，2008 年农业科技进步对农业经济增长的贡献率达 76.17%。

二是农机装备水平显著提高。到 2008 年，全市农机总动力增至267.05 万千瓦，比 1978 年增长 41%。农机服务领域由粮食作物向饲料作物、蔬菜、花卉、林果产业延伸，由大田向设施农业拓展，由产中向产前、产后拓展。农业机械化水平的提升既提高了劳动生产率，也提高了土地利用率和产出率。

三是潜在或闲置资源得以开发利用。①沟域的开发利用。②农业生态服务价值的开发。从 2008 年起，本市在全国率先建立冬季作物生态补偿制度。制定了《北京市生态作物补贴的意见》（京农发［2007］

18 号)，全年共发放生态补贴 4 012.7 万元（小麦为 40 元/亩，牧草为 35 元/亩）。③农业补贴。对种粮农户有种粮补贴（每亩 10 元）、农资综合补贴等。仅 2008 年全年共补贴粮食种植面积 320.2 万亩，兑现粮食直补资金 28 138.4 万元，比 2007 年增加了近 1.0 亿元。其中，种粮补贴 9 278.1 万元，良种补贴 4 539.5 万元，农资综合补贴 14 320.8 万元。④山区开发自然景点为旅游景观（A 级）115 个，民俗接待村 144 个，民俗游接待 8 183 户（2009 年），使一些靠山吃山的农民走上了致富之路，使自己的农产品在旅游服务中增值。⑤农质资源转化为工艺产品。北京市自 2007 年以来开展"艺人下乡传手艺，农民在家学技能"活动，仅 2008 年京郊就 716 人次接受公益培训；学习箍灯笼、风筝、绣布画、剪纸、烙画葫芦、草编、打中国结、五谷画、豆塑画等 9 个艺术门类；组织起一批"巧娘工作室"，开发民间旅游产品，使一些低值农产品提高了附加值。

三、科技促进北京农业跨越发展

科学技术促进了农业跨越式发展。新石器的发明和火的利用实现了"刀耕火种"的原始农业；铁器的发明与牛耕的应用，使人类由掠夺性的原始农业跨越进精耕细作的传统农业；机器的发明与应用，使以经验为主的传统农业跨入近代农业；机械化及电气化与现在科技的问世，使近代农业跨入以集约经营为标志的现代农业。

第一，科学技术的现代化加速了北京农业的现代化。新中国成立以来，依托得天独厚的首都科技优势对北京农业的支撑，使北京农业率先在 2010 年实现第一次现代化而迈进第二次现代化——其主要标志是精准、集约、高效、可持续。

第二，科学技术破解"瓶颈"，支撑农业可持续发展。北京农业从

20 世纪 70 年代以来，一直面临着农田锐减。据资料显示，耕地面积已由 1949 年的 531 017.0 公顷减少到 2008 年的 231 688.0 公顷。到 2015 年耕地还剩下 113 333.3 公顷（170 万亩）。耕地面积锐减的最敏感标示是粮食总产量的下降，这是因为土地非农化首当其冲的是粮田。粮食总产量从 1949 年的 41.7 万吨增加到 1993 年的 284 万吨，到 2008 年减至 125.5 万吨。水资源匮缺，农业用水已由过去的 30 多亿立方米下降到 7 亿立方米；生态脆弱；劳动力紧缺，农业劳动力由 1978 年的 120.7 万人减少到 2012 年的 56.3 万人；城乡差别，城乡居民收入之比，1978 年为 1.65：1，1984 年差距缩小为 1.05：1；以后则逐渐扩大，1995 年为 1.82：1；2005 年扩大到 2.25：1，收入差额达到 9 793 元；2010 年有所缩小，仍达 2.03：1；2012 年城乡居民收入比为 2.2，消费比为 2.02，城镇居民当年人均家庭收支结余 12 423 元，农村居民人均家庭收支结余仅为 4 597 元，城乡居民当年人均收支结余比从 2005 年的 1.9 倍扩大到 2012 年的 2.7 倍，这意味着城镇居民财富的积累速度大大快于农村居民。

与这 5 个"瓶颈"相对的是农业经济及农民人均纯收入则以较大幅度持续增长。农林牧渔业总产值由 1952 年的 2.5 亿元持续增长到 2014 年 420.1 亿元；农村居民人均纯收入有 1956 年的 136.2 元和 1975 年的 143.9 元（1965—1974 年统计空缺）持续增长到 2014 年的 20 226 元。据有关方面透露，近 6 年来农村居民人均纯收入增长幅度连续超过城镇居民，2014 年增速超过城镇居民 1.4 个百分点；城镇居民人均消费性支出达到 28 009 元，增长 6.6%，农村居民人均消费性支出达到 14 529 元，增长 7.2%；城镇居民的恩格尔系数为 30.8%，比上年下降 0.3 个百分点，而农村居民的恩格尔系数则为 34.7%，比上年提高 0.1 个百分点（图 4-3）。

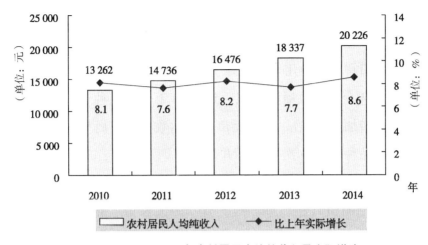

图4-3 2010—2014年农村居民人均纯收入及实际增速

第三，科技创新是破解农业"瓶颈"，实现农业可持续增长的不竭动力。科技创新才能使作为"第一生产力"的科技持续不断的节节高。这"节节高"的应用就会给农业经济带来一个台阶、一个台阶的攀登，呈现出产出投入比攀升。如粮田变为种业田、迷你西瓜、迷你黄瓜、娃娃大白菜、樱桃番茄、樱桃萝卜等，其售价远高于普通粮食、普通瓜果菜类。据一些宏观性测算，本市科技进步对农业经济发展的贡献率："五五"期间低于30%，"六五"期间为42.2%，"七五"期间为51.2%，"八五"期间54.7%，"九五"期间为55.0%，"十五"期间为60%，"十一五"期间（2007年和2008年）分别为65.6%和76.17%。

据北京市农业局《首都农业改革发展三十年》记载，"从1978—2007年，科技进步对农业增长的贡献率已经增长了1倍，超过了土地、劳动力及物质投入的贡献份额。"具体实例如下。

（1）从新中国成立以来，小麦生产已历经8次品种更新换代，每次更换都使小麦的品质与单产有明显的改进和提高；玉米历经7次品种更新换代，每次更换单产提高 50 千克左右。

（2）蔬菜生产上市品种由大宗品种 3~4 种转向精品、特菜。1983年朝阳区太阳宫乡试种几十种国外引进特菜，获得亩产值 3 000 元的高效益。2008 年全市特菜播种面积达到 25.3 万亩，品种 300 多个，亩效益比普通菜增加 3~4 倍。至今上市品种达数百个，而呈现色、香、味俱佳。西瓜品种历经 3 次更新，并做到"四季生产，三季有瓜，品种多样化"。

（3）水产品由青鱼、草、鲤、鳙"四大家鱼"拓展到适于冷水、温水养殖的名特优精品鱼类几十种。水产业在节水中缩小大宗鱼品生产，让有限的池塘水面饲养精品高效鱼品和繁育苗种。2009 年，全年鱼苗产量达到 6.64 亿尾，苗种总产值 1.25 亿元，占渔业总产值 7.2%，创办"渔家乐"近 1 000 家，产生 10 亿元收益。

（4）干鲜果品生产出现各种类型的精品园，数百种名优特产品，并使南果北种成功，品种达到十几个。

（5）畜牧业良种普及率达到 100%。

（6）绿化树种打破了清一色的绿，而呈现绿中添彩。

（7）农业灌溉水利用系数由过去的 0.30，提升至 0.70，每立方米水产粮由 0.5 千克提高到 2~2.5 千克。

（8）设施农业技术的推广与应用，使 30 多万亩农田实现周年生产果蔬，服务首都淡季不淡。

（9）科学植林造林保活率达 90% 以上。

（10）生物防治林木和农业虫害，保全了密云水库"一盆水"的安全。全市生物农药使用比例已达 11%，菜田化学农药施用量减少 13%。应用计算机网络和卫星定位技术监控、GPS 导航飞机防治麦蚜技术、生物和物理防控有害生物技术、人工繁殖天敌昆虫防治害虫技术等，在全国居于先进行列，为有效利用资源、降低农业成本、减少环境污染、提高经济效益打下了示范窗口。

（11）科技推进农业现代化、机械化、水利化、大地园林化、电力电气化、质量标准化、沟通信息化、布局区域化、生产专业化、产加销一体化等，这些化的终结是提质增效，服务首都，富裕农民。

如何破解严峻的"瓶颈"与（大）农业经济持续增长2种现实并存的现象？只有从科学发展观来观察，方可找到答案。

四、北京农业的科学决策

在明代以前北京地区农业科技在生产实践中，不断发现留下的痕迹很多，但在史籍中尚未见到历代地方政府留下的科学决策。直到1804年后，在"西学东渐"的影响下和"戊戌变法"的策动下，光绪皇帝开了中国农业的科学决策的先河，于1898年，颁布了《明定国是》诏书，钦定"兼采中西各法"兴办农业；引进西方近代农学；兴办农业教育；引进推广西方近代农业科学技术等。根据诏书明示，清政府在北京地区创办起农科大学、北京农事试验场、林业试验场等。

新中国成立后，北京市委、市政府对农业作出一系列的科学决策。

1950年10月16日，中共北京市委作出《关于团结技术人员的决定》，提出"团结各种专家、技术人员是首都经济、文教和市政建设工作获得迅速发展的重要条件之一"。

1951年，北京市政府提出：为适应郊区农民发展生产的需要，本市各级政府着手推广农业生产技术。

1952年4月，市政府对西郊广源闸村农民金鸿乐创造的"推麦蚜车"，因其捕打麦蚜比人工捕打快 10 倍，发给奖金 100 万元（旧币）。

1952 年 12 月中共北京市委在《关于一九五二年冬季郊区农村工作的指示》中指示："办好冬学，并重点推行速成识字，扫除文盲运动"。

1953 年北京市农业丰产劳动模范代表大会提出"大力推广先进经验、科学技术，普遍提高单位面积产量"。

1953 年 10 月 19 日，北京市农林局成立国营八一鸭场，专门生产"北京鸭"。

1955 年 2 月 25—26 日，市农业劳模大会上，市领导提出 1955 年农业生产要"加强农业科学技术工作"。

1955 年 3 月 22 日，市人委批准东郊、南苑、丰台、海淀、石景山、京西矿区等 6 个区建立农业技术推广站。

1956 年 1 月 14—20 日，中共中央召开关于知识分子问题的会议，周恩来作《关于知识分子问题的报告》，首次提出我国知识分子绝大多数"已经是工人阶级的一部分"的观点。毛泽东号召全党努力学习科学知识，同党外知识分子团结一致，为迅速赶上世界科学先进水平而奋斗。会议向全党、全国人民发出"向科学进军"的号召。

1956 年 1 月 30 日，中共北京市委在《关于春节期间农村工作的通知》中提出，"宣传 1956—1967 年全国农业发展纲要（草案），切实动员全体农民多快好省地开展农业生产"。

1956 年 2 月 3—4 日，市委、市人委在市畜牧工作会议上提出"郊区生产为城市服务"的方针，大力发展蔬菜，搞好粮、棉、油料生产的同时，努力增加肉、蛋等的生产，把郊区农村建成为首都服务的副食品生产基地。

1959 年 12 月 7 日，北京市委大学科学工作部提出《1960—1962 年北京市科学规划几个问题的意见》中列有"蔬菜、水稻机械化、自动化研究"。

1962年12月26日，副市长万里在市农业工作会议上提出：郊区农业生产开始进入以技术改革为中心的新的历史时期，各级农业部门的领导干部要尊重科学、钻研技术，逐步掌握农业"八字宪法"的基本知识；要充分发挥科学技术人员的作用，充分发挥物质技术力量，做到人尽其才，物尽其用；要采取各种有效办法，逐步提高农村干部和社员的文化水平和科学技术知识水平。

1963年3月，市委领导刘仁、万里等在同市科委负责人谈北京市科技工作时指出：北京市科技工作要服务于首都的工农业生产，要搞"高、精、尖"的研究，也要搞"吃、穿、用"的研究，研究成果要同生产紧密结合，促进生产发展。

1963年7月27日，市人委召开农业科学技术工作会议，研究100万亩小麦平均亩产150千克的试验问题。

1964年2月2—9日，市委召开全市农业科学技术工作会议。会议要求全市500万亩农田种好小麦和玉米；搞好实验，贯彻农业"八字宪法"；搞好三结合，发挥科技人员的作用。

1965年8月5—8日，在全市小麦生产会议上，谭震林副总理到会讲话：你们达到了第一个目标，就是100万亩水浇地小麦亩产150千克。

1974年12月22日，市革委会决定在红星公社等3处兴建100万只鸡的机械化养鸡场。

1979年4月，市委农村工作会议指出，北京的农业要坚持为大城市服务的方针，要迅速把郊区建设成首都现代化的副食品生产基地。

1981年9月2日，市委市政府提出"服务首都、富裕农民、建设社会主义现代化新农村"的指导方针。

1984 年 3 月 20 日，北京市科学技术大会强调"经济振兴必须依靠科学技术进步"。

1986 年 8 月 6 日，市委、市政府发出《关于印发房山县窦店村建设社会主义现代化新农村经验的通知》。

1995 年 6 月 7 日，经市政府批准，顺义"三高"科技农业试验示范区成立。

1995 年 6 月 8 日，市人大常委会通过《北京市实施<中华人民共和国农业技术推广法>办法》。

1996 年 3 月 15 日，市政府召开农村科技工作会议，提出到 20 世纪末，农业科技进步在农业增长中的贡献达到 60% 以上。

1997 年 5 月 12 日，市农业技术推广工作会议，明确农业科技推广的主要目标是增加产量，改进品质，提高资源利用率和经济效益，保护生态环境。

2002 年，市委八届二次全会提出到 2010 年率先基本实现农业和农村现代化，使农业和农村现代化建设达到中等发达国家水平[①]。

2003 年，北京市农村工作委员会发布的《关于农村管理信息化工作的实施意见》指出，推行农村管理信息化，把现代信息技术列入农村管理，是农村管理工作的重大变化和全面升级，对建设"数字北京""数字郊区"……具有重要而深远的意义。

2003 年组织实施农业现代化科技创新工程，解决一批关键技术难题；2004 年组织农业与科技对接，大力实施农业实用技术推广工程；2005 年，实施农业科技入户工程，解决农业技术推广"最后一千米"

---

① 据中国科学院中国现代化研究中心出版的《2012 年农业现代化研究》报告显示，2010 年，北京"第一次现代化程度达到 100%"。在中国内地 31 个省市区中基本已实现第一次现代化的 16 个地区中位列第一，上海、天津分列二位、三位

问题。

2004 年，代市长王岐山在市第十二届人大二次会议上指出：离开农民的小康就没有全市的小康，离开郊区的现代化，就没有首都的现代化，必须统筹城乡、区域和经济社会协调发展，促进农民增收。

2004 年 7 月 22 日，北京市"农民远程教育智农培训示范基地建设工程"在北京市农林科学院启动。这是在全国率先推出以卫星宽带网络为主的面向农村的远程教育系统。

2006 年 7 月 6 日，市政府在社会主义新农村建设工作会议上提出：要以科学发展观为统领，从"城市政府"转变为"城乡协调发展的政府"。

2007 年 1 月 29 日《中共中央国务院关于积极发展现代农业 扎实推进社会主义新农村建设的若干意见》要求，发展现代农业是社会主义新农村建设的首要任务，要用现代物质条件装备农业，用现代科学技术改造农业，用现代产业体系提升农业，提高农业素质、效益和竞争力。

2008 年，本市在全国率先实施了保护性耕作目标，基本实现了农田"无裸露、无撂荒、无闲置"；有效抑制了农田浮尘的发生；确保农业秸秆禁烧；实施生态养殖，有效控制了水域富营养化，净化了水质，维护了首都的蓝天、绿地、净水。

到 2008 年，全市累计建立农业科技园和高效农业示范区 431 家。

2009 年 4 月 10 日，本市现代农业产业技术体系创新团队建设启动，33 名农业专家被聘为首批现代农业产业技术体系创新团队的岗位专家。

2013 年 9 月 27 日《京郊日报》讯：大兴区礼贤镇祁各庄村联栋日光温室内采用水培韭菜生产，每月一茬。这样既可消除土传韭蛆为害，又可避免因用药剂防治带来的农药污染。

2014 年，北京市农业技术推广站的小汤山试验基地洁净智能化育苗工厂采用智能化雾灌法浇水育苗。据数据显示，生产 1 株菜秧苗可比传统的灌水育苗方式省水 1 千克。如番茄育苗，按每盘 72 穴（株）核算，整个育苗期共需雾灌 12 次，一次用水 1.2 千克左右，单株秧苗耗水量为 0.2 千克。

第五章　北京农业的演进

第一节　北京农业的历史旅程

一、北京农业的发展历史

经考古发掘房山区周口店镇境内的龙骨山下出现了距今50万～70万年的"中国猿人"，后改称"北京人"，直至距今1万年前"北京人"及同居一山距今20万年的早期智人"新洞人"和距今2.5万年的晚期智人"山顶洞人"一直采用打制的旧石器从事采集植物、渔猎动物为生，史称"依存农业"，意即完全依赖掠夺自然界动物植物为生。但他们在长期的采集、渔猎中也观察到野生动植物生生不息繁衍和春风吹又生的现象，日积月累为后来的人们发明农业积累了经验和启蒙知识。

据北京大学王东、王放考证，位于门头沟区斋堂镇的东胡林遗址，出土了经由切、钻、琢、磨制成的新石器——石刀、石铲、石凿及石磨棒、石容器等新石器。在怀柔区转年村遗址发掘列国年代的新石器，距今1万多年。有了新石器，加之距今40多万年的用火经验，两者结合就创造了"刀耕火种"的原始农业，史称"食物生产经济"（农业）。农业的出现，使人类的食物来源比起采集渔猎有了保障，也促成了人类由游荡生活走上定居生活。

在距今 2 300 多年时，由于发明了铁器农具和牛耕，同时，出现了施肥、浇水和田间管理，使农业生产出现了跨越式发展，即由"刀耕火种"的粗放农业进入日益提升的精耕细作的传统农业，史称"自给自足农业"。

在距今 100 多年前，随着"西学东渐"西方近代农学及农业机器陆续进入北京，直至 1949 年前，西方农业机械和近代农学技术从星火点点逐渐蔓延成势，即"经验农业"逐步转向"技术农业"。

从 1949 年中华人民共和国成立后，北京市即大力研制和推广新式农具，如铧式犁等，同时，引进和研制拖拉机及配套机具，在双桥建立拖拉机实验站，在南苑建立拖拉机厂。国家和市政府在规划农业现代化中把机械化列入当初"四化之一"。到 20 世纪末，北京农业基本实现机械化。进入 21 世纪则着力于用信息技术装备机械化，并向信息化进军。

总的看"北京人"及其后孙们：采集渔猎业历经了 50 万 ~70 万年，原始农业历经了 7 000 年左右；传统农业（经验型）历经了 2 300 多年，近代农业历经了 100 多年；现代农业到 2010 年实现了第一次现代化，历经了不到 60 年。

据北京大学历史系出版的《北京史》中记载；"人类的诞生大约已有二百多万年的历史，北京人是原始人类发展过程中的一个中间环节。"那他们的先辈是谁呢？徐自强先生在《关于北京先秦史的几个问题中》写到；"北京猿人"（又称"北京人"），很可能就是从我国中原地带迁来的，他们到北京以后，以周口店一带为家，逐渐地开发着华北原野，单留下"山顶洞人""东胡林人"等后代。而"北京人"的直接先辈是中原陕西蓝田人（距今 80 万年）北迁成为华北地区北京

猿人的来源。另据考证，人类最直接最古老的祖先是生活在距今约
1 400万年前的拉玛古猿。我国云南开远县和禄丰县都已经发现它们的
化石。在云南元谋县发现了"元谋人"的遗址与遗迹，距今170万年。
他们及其后孙们在迁徙中有一部分猿人向北方移动，现已发现的蓝田
人即是他们的后孙。

二、北京农业的发展阶段

北京农业的时空跨越，即从"前农业"到都市型现代农业跨越了
50万~70万年，其间历经新石器时代（距今1万多年）、青铜器时代
（距今约4 116年）、铁器时代（距今约2 300多年）、近代机器时期
（距今约100多年），现代时期（距今60年）。农业发展经历了前农业、
原始农业、传统农业、近代农业、城郊型现代农业及都市型现代农业。

1. 前农业时期

即"从最早的动植物驯化到农业革命"①。据考古界认定，原始人
类创造旧石器并用其劳作从事采集业和渔业距今约200多万年。就北京
地区而言，据北京大学历史系的《北京史》（北京出版社，1985年）
记载道；"北京人是原始人类发展过程中的一个中间环节"。"采集和狩
猎在北京人的生活中占有重要的地位。他们采集植物的根、茎、果实
和鸟卵做食物……他们猎取的动物，多数是野生的鹿、马、牛、羊、
猪等兽类"。

北京人距今50万~70万年。北京大学王东、王放在《北京魅力》
一书中写道："在近30万年前，有两种动物与'猿人洞'中的'北京
人'形成某种共生关系""这种共生关系，就包含着驯化的萌芽"。其

---

① L.S. 斯塔佛里阿若斯，等. 农业的起源与传播［J］. 农业考古，1988（01）：86-
95

所指"两种动物"即中国的鬣狗和北豺。在距今3万年前的"山顶洞人"时代，人与北豺共生关系构成驯化过程的历史起点。

50万年前，"北京人"与野猪形成共存共生关系；30万年前，"北京人"与野猪形成驯化过程最初萌芽；距今2万~3万年前的"山顶洞人"开始了对猪的驯化过程①。

关于对野生植物的驯化未见有翔实文字资料。但见有人类早期在采集中已注意观察被采集植物萌芽、生长、开花、结果的现象；神农尝百草，教民稼穑。

据王东先生考证，北京地区早在一万年前由"东胡林人"和"转年人"发明新石器始创原始农业。而按照自然法则，任何新事物的出现总是遵循着一定的孕育过程再奇迹般的出现。这就是人们通常所喻的"十月怀胎"与"一朝分娩"的道理或规律一样。客观地讲，神农教民种五谷的事实可能是存在的，但其经验从何而来？定有他的实践基础，也不排除见知前人的经验。因此，可以认定北京地区的"前农业"，即采集渔猎业距今50万~70万年。

2. 原始农业

距今1万年前，其源头在门头沟区斋堂镇东胡林遗址和怀柔区宝山寺镇转年遗址。经出土遗迹考证，这里出土的新石器距今1万多年，其制作技术独具特色——运用切、钻、琢、磨4项创新技术制作出了石铲、石锄、石斧、石磨盘、石磨棒、石臼等。还创制有"万年陶"器等，出土生物遗迹有禾本科、豆科、草本科等的孢子粉。

北京大学王东先生在《北京魅力》中指出，北京农业创造了中国北方农业的源头。

① 王东，王放.北京魅力［M］.北京大学出版社，2008

3. 传统农业

以铁器的发明与应用及牛耕为起点标志，距今约 2 300 多年，直至 1840 年。在这期间生产工具的变迁主要在犁的变化，到唐代出现由 11 个部件组成的曲辕犁，主要部件是曲辕，拉起来比较省力；再就是铲子配上铧——其面弯成一定弧度，并铸有分散均匀的圆形光滑的球面凸起，翻土顺溜、省力，保证较好的耕翻质量。这种曲辕犁至今尚有在用。农业生产进入精耕细作的经验阶段。

4. 近代农业

就中国社会发展进程来说，从 1840 年起开始进入近代。由此，随着"西学东渐"，一些近代自然科学，如近代农学、农业生物学、农业化学、农业机械，以及化肥、农药等相继传入中国，进入北京地区，虽然没有形成主导生产力，但引起农业生产力变革的兴起。这一阶段大致延续到 1949 年，历经 109 年。在这期间，兴办起中高等农业教育，培育农业科学人才进入国家和地方政府农业部门从事农业科技辅导工作；创建起一批农业科学试验机构，开展农业科学研究和技术推广工作；一些近代技术进入生产领域，如拖拉机、化肥、农药、棉花良种以及果树、来航鸡、黑白花奶牛、优良种猪、种羊等。但由于社会、经济条件不适应，先进的近代科学技术，并未真正构成近代农业生产力。

5. 城郊型现代农业

新中国成立后直到 2004 年，北京农业的地域受城乡分割的影响，一直限于郊区。学界曾称之为"城郊型农业"。1957 年，毛主席在《关于农业问题》中提出建立"现代化的农业"；在党的八大报告中庄严提出"四个现代化"建设问题，其中，就有"农业现代化"。就北京市言之，自然也就是发展城郊型现代农业，其现代化主要指标是农业机械化、水利化、电气化和化学化。同时，开展科学实验，推进农业技术改造，实行科学种田。对于城郊型现代农业的指导方针，在 1981 年以前政府强调的是服务城市。1953 年，中共北京市委提出解决北京市蔬菜供应问题的意见中讲道："大力解决首都蔬菜供销问题"；1959 年 2 月 3—4 日，中共北京市委、市人委在畜牧生产工作会议上提出"郊区生产为城市服务"的方针，要求"把郊区农村建设成为首都服务的副食品生产基地"；同年 6 月 30 日，市人委发出《关于贯彻执行中央城市副食品手工业品生产会议精神的几个意见》中指出："大力加强对副食品生产的领导，增加商品生产，支援城市"。1979 年 4 月，中共北京市委召开农村工作会议指出："北京的农业要坚持为大城市服务的方针，要求迅速把郊区建设成首都现代化的副食品生产基地。" 1981 年，中共北京市委、北京市政府在召开的多种经营会议上提出具有双向服务的指导方针，即"服务首都（出发点），富裕农民，建设社会主义现代化新农村（落脚点）"；1989 年 1 月 14—16 日，中共北京市委、市政府召开农村工作会议，确定"加快农业发展，增加有效供给，坚持服务首都"。

自进入社会主义市场经济之后，京郊农业的发展以市场为导向，调结构、转方式、惠民生；以质量效益为中心，提升农业"服务首都，富裕农民"的水平。

6. 都市型现代农业

21 世纪伊始，面对城乡一体化建设，2005 年北京市正式出台"关于加快发展都市型现代农业的指导意见"。由此打通了农业通向城市的新格局，实现了京城核心区域（4 个城区）和部分城近郊区组成的 5 个农业发展圈层中的第一个圈层——即城市农业发展圈，重点发展以农业展示、交易、信息、服务等为主要内容的景观农业和会展农业。

都市型现代农业使农业的服务功能大大拓宽——由过去只是建设成为城市服务的副食品生产、供应基地，拓展为不仅生产"生态、安全、优质、高效、高端"农产品服务首都，还要建设成为休闲观光的腹地、生态宜居的生境，市人返璞归真的圣地、农业科学普及的阵地、现代农业窗口。

——北京是高端农业科技人才的集结地，有国家级农业科学院、水利科学研究院，水产科学院、林业科学院；有中国科学院植物所、动物所、微生物所等数个涉农研究所；有国家级在京培育人才的摇篮——中国农业大学、北京林业大学、中国农业广播电视学院等涉农高等院校；还有北京市属科研院所和高等院校等，农业科技资源丰富，创新能力强。

——北京是动植物及微生物良种培育、展示与推广的辐射中心，集聚着丰富的动植物及微生物种质资源，拥有辐射力强、市场占有率高的优良品种。如北京市农林科学院玉米中心培育的"京单28"连续多年被农业部列为主导品种，在北京、河北、天津等省市累计推广面积2 000多万亩，成为黄淮海区北部主栽品种之一。"京科糯2000"种植面积占到我国糯玉米种植面积一半以上。"京欣2号"西瓜和"京秋3号"大白菜品种连续占据2012年度、2013年度农业部5个果蔬主导品种中的2个席位。"京欣2号"已成为我国保护地西瓜主产区的第一大品种，同类型市场占有率超过60%。"京秋3号"已成为华北和东北地区秋播大白菜主栽品种之一，占辽宁、河北、北京等省市秋大白菜市场份额的40%左右，成为我国北菜南运量最大的大白菜品种之一。2015年国际马铃薯亚太中心落户北京延庆，将存储上万种马铃薯种质资源。目前，延庆国家马铃薯工程研究中心年产微型种薯1.5亿粒，占全国总产量的近1成。

北京企业联创种业培育的联创808、裕丰303 2个玉米新品种是我国首个实现从播种到收获全部机械化的国产玉米品种，它的入市，打破了机械化生产领域国外玉米品种垄断的局面。

目前，北京地区聚集种业研发机构80余家，专业育种人员1 000余人，每年新育各类作物品种400个左右，保存在国家级种质资源43万多份，位居世界第二位。本地区种业已形成全国种业"三中心一平台"地位，即全国种业创新的中心；全国及世界种业企业聚集中心，育繁推一体化企业、种业进出口权企业、外资种业企业数量占全国种业企业20%以上；全国种业交易交流中心，年产值已突破60亿元，占全市农业总产值的1/5；成为全国种业发展平台，已连续举办19届种子大会。在北京通州区建立起国际种业科技园，成为国际化的种业"硅谷"。

——北京是农业高新技术创新与应用的策源地。北京都市型现代农业已成为高技术创新应用高地。精准农业、数字农业、智慧土肥、"温室娃娃"、农业云服务平台、二系杂交小麦、转基因牛、西瓜基因组序列图谱、玉米全基因组育种芯片、缓释肥、智慧农耕、农业物联网、农科通、太阳能温室、生物防治、农业远程教育、数字图书馆、奶牛超数排卵与胚胎移植、农业高效节水、苗木快速脱毒与繁殖、授粉蜂的开发与利用等高新技术，都在支撑着都市型现代农业顺着现代科技发展潮流向前行，并引导农业向着生态、安全、优质、高效、高端目标前进。

——北京有着破解制约农业发展"瓶颈"的良法。北京农业的主要瓶颈是农田锐减和水源匮乏。如耕地面积1928年为429 234公顷，1988年下降到34 1057公顷，到2008年下降到231 688公顷，2012年则降到220 856公顷，到2015年降到113 333公顷；农业用水量由1991年的 21.52 亿立方米下降到 1998 年的 19.39 亿立方米，到 2008 年降到 11.98 亿立方米，2014 年降到 7.5 亿立方米。按照常规思维，农业当随之萎缩，其实不然，农林牧渔业总产值和农民人均纯收入是持续增长的。农林牧渔业总产值 1978 年为 1.64 亿元；1998 年为 174.78 亿元；2008 年为 303.90 亿元；2012 年为 395.71 亿元；2014 年为 420.10 亿元。

农民人均纯收入 1978 年为 225 元；1998 年 4 029 元；2008 年为 10 747 元；2012 年为 16 476 元；2014 年为 20 226 元。在近 7 年中，2008 年农民人均纯收入首次突破 1 万元；2014 年首次突破 2 万元。这是因为这里的创新业态充溢着增值生机。观光农业、休闲农业、景观农业、会展农业、籽种农业、循环农业、智慧农业、精准农业等新型农业业态，可以在有限的土地、水资源条件下产生较高的附加值。2014 年，全市共举办 4 项农业会展活动，总收入 5 021.7 万元；举办农事节庆活动 272 项，总收入达 1.8 亿元。

据市统计局资料显示，"十二五"期间，传统农业生产空间进一步收缩。2013 年，农作物占耕地面积 14.6 万公顷，比 2009 年减少 4.5 万公顷，粮食生产萎缩，而观光农业、设施农业、籽种农业、会展农业、景观农业为代表的都市型现代农业则快速发展，2013 年实现收入 108.9 亿元，比 2009 年增长 59.9%。2013 年，四大生态系统直接经济价值达 443 亿元，比 2009 年增长 32.2%。

第二节　北京农业中的智力演进

人类从采集、渔猎到刀耕火种再到经验经营以至科学创业，都是人们智力演进与实践的结果。

类人猿尚为动物，其一切行为均属于天生本能和条件反射在驱动。但类人猿是灵长类中富有灵性的动物，在进化中他首先意识到用前肢掌捡用石器、石块来砍伐食物或追捕动物。在漫长的觅食实践中又不断用前肢掌抓起石块打击石块使薄片更薄，石块出尖形成尖状物这便是现代考古所称的"旧石器"。由于劳动促进类人猿上肢和下肢、前掌和后掌逐渐分化分工，下肢与脚支撑人体行走，上肢和手执石采集和狩猎获取食物或从事其他劳动。就"北京人"来说，在旧石器时期的进化中先后经历了"新洞人"（史称早期智人）、"山顶洞人"（史称晚期智人）。但就其智力属性上仍属野蛮阶段，只知向自然掠夺来温饱自己，而不知呵护自然。当人类进入新石器时期，已懂得运用在采集、渔猎中观察到的一些肤浅的自然现象而采用磨制的新石器进行"刀耕火种"来生产自己需要的食物。但做法是砍伐森林，用火烧毁林木、草场再进行耕种，而且实行"撂荒"生产，这时人们的智力较前大有进步，但仍极为低下，故称之为蒙昧时期。

进入青铜器时代，人类则进入智慧智力时代。人们也不仅会用自然物，还会创新自然物。如夏商时期，人们虽还沿用新石器，还能发现铜矿，探索冶铜、制作铜器，并认识到铜器用于农作物性能比石器好。到商代，人们还发现铁并且制作出铁刃铜铖且认识到其效能更高。

进入铁器时代（即从战国起直至现代），人类则进入智慧创业阶段。其间可分为经验智慧和科学智慧两个时期，前者大致从战国时期至近代（1949 年）止，这一漫长历史时期，在我国农业发展史上称为传统农业阶段，人们的智慧基本上处于经验的积累和应用，其创业能力比起蒙昧时代要高明不知多少倍，但仍属粗放（或掠夺）型增长（发展）方式；从 1949 年至今，进入以"科学技术是第一生产力"的创业阶段，走集约型内涵式增长（发展）之路。这时，人们的创业智慧发生着深刻的变化与飞跃，能以创新使自然物由劣变优、由粗变精；使有限的资源开拓出无限的价值空间。古人言："万物土中生"。就农业而言，至今无土地也无法成业。有人说"无土栽培"就不用土。非也！先不说所用介质蛭石、腐殖质、麦饭石等出自于土地，"无土栽培"仍需土作依托，还未见有离开土地的空间农业（或许未来有）。即便有在空间站进行农业生物试验，那只叫试验不叫农业！

北京农业中的智力演进程序大致是：本能→野蛮依靠自然物→蒙昧掠夺自然→生产食物→智慧创业：经验型创业（即传统农业）和科学创业（现代农业）。

第三节　北京农业生产要素的演变

具有一定技术素养的劳动者、具有一定功能的生产工具、具有一定肥力的土地、具有一定产量和营养价值的良种、具有一定供给能力的水利、具有一定防治病虫草害的知识等，它们是任何时代不同生产水平下都不可或缺的基本生产力要素，所不同的，只是由于社会的进步和人类生产实践与科学试验的发展及深化，那些"一定"不断赋予新时代进步的内涵或创新内容，带动农业生产力呈现出阶段性的发展与提升。

一、农业劳动者素质的不断提升

从考古资料显示，距今 50 万~70 万年的"北京人"其脑量约为现代人的 80%，已有了简单的思维能力并开始有了最初的语言。"北京人"破天荒地在亚洲大陆上燃起了熊熊篝火，宣告了人类黎明的到来。火的使用对人类生活有着非凡的意义，正如恩格斯所说；火的使用

"第一次使人类支配了一种自然力，从而最终把人同动物界分开"（恩格斯《反杜林论》）。在距今约 20 万年前的他们的后裔则进化为早期智人——新洞人；到距今约 2 万年前演化为晚期智人——山顶洞人——他们的体质特征已与现代人几无差别，脑量已近于现代人并具有相当发达的智力。我国著名考古学家贾兰坡先生指出：在地老天荒的岁月长河中，"北京人"曾经历了数倍于其他早期人类的磨难。正是环境的砥砺才不断刺激了"北京人"智力的增长，而智力的增长又不断提升了他们创造生存环境、增强生存能力的智慧和技能，而成为直立人中较优秀的一支。在北京以北和以南的广大范围内，许多古人类遗存中都不难见到"北京人"文化的影子，这就是历史的明证（见王光镐《人类文明的圣殿 北京》上册）。

从远古的"北京人"到现代的北京人，劳动者的素质经历了由蒙昧→野蛮→文明（智慧）的历史性提升。农民受教育的机会和形式有在生产实践中积累经验、在实践中学习和接受长者口传身教，如神农"因天之时，分地之利，制耒耜，教民农作"（《白虎通义》）。黄帝教民"树五艺"等；"西陵氏之女嫘祖……教民育蚕"（北宋刘恕《通鉴外纪》）；《史记·周本纪》曰："周后稷，名弃……弃为儿时，屹如巨人之志。其游戏，好种树麻、菽，麻、菽美。及为成人，遂好耕农，相地之宜，宜谷者稼穑焉，民皆法则之。"到殷商、春秋时代，农民们除了获得"口传身授"的知识和经验外，还可以通过已出现的文字传播知识和经验。如甲骨文的"协"记载与传授"三耒共耕"的技术等；春秋时代出现的《诗经》虽不是农书，但其中有蕴藏许多宝贵的农业生产经验与知识。如《诗经·豳风七月》中曰："黍稷重穋，禾麻菽麦。"《毛传》释曰："后熟曰重，先熟曰穋"。意即要按作物品种成熟早晚来确定播种先后的顺序。到春秋战国时期即出现了"农家"。据农史学者考证，战国时至少有过两种专门农门，即《神农》《野老》，且至少流传到西汉时期。公元前239年写成的《吕氏春秋》虽也不是专业农书，但其中的《上农》《任地》《辨土》《审时》4篇则是战国末期农学的重要篇章。吕氏在《审时》篇中提出，"夫稼（农业），为之者人也，生之者地也，养之者天也"。学术界称这三"也"为"三才观"，讲的是以农为本，必须讲究自然和谐，天人一体。4篇著作精辟地总结了当时的农业生产技术知识，如《任地》篇，从整地、利用、改良土壤、耕作、保墒、除草、通风、作物前期营养生长苗壮、抽出良好的穗，而且灌浆饱满、籽粒质量高等10个方面提出了技术要领供生产者应用。

到西汉时代，在社会广泛流行的农书已有9家114篇之多，其中，属于汉代的作品有7家77篇，其中，最著名的是《氾胜之书》，曾有"汉时农书有数家，氾胜之书为上"之说。该书的核心内容是"凡耕之本，在于趋时、和土、务粪泽、早锄、早获"。

西汉搜粟都尉赵过推广自己创造的"代田法"和"三角楼"，在中国历史上首创了由县令和乡村中的"三老"、力田、里父老善田者到京城长安学习代田法和受田器的培训班。为了鼓励人们学习技术和推广技术，西汉武帝时还制定出对有一技之长，并在生产中起着指导和表率作用者进行奖励的办法。

北魏时期，高阳太守贾思勰"采捃经传，爰及歌谣，询之老成，验之行事，起自耕农，终于醯醢，资生之业，靡不毕书，号曰《齐民要术》。"凡92篇，束为十卷。它反映我国古代黄河中下游相当高水平的农业科学技术，内容丰富多彩，包括农、林、牧、副、渔的综合性的农业全书，在古代传播相当广泛，成为古代农业技术传授的重要载体。据史料显示，自农书问世后，引起不少后来朝政出面组织编写适合本朝需要的农书，用以传授农业生产技术，提升农民素质。唐代武则天命官方编写颁发了《兆人本业》，赐地方行政官员用以指导农事；宋真宗命皇家刻印厂印发《齐民要术》和《四时纂要》分发全国兼"劝农使"的地方官员推广应用；元代元世祖忽必烈要求司农司组织编写《农桑辑要》，分发各地作为农业生产技术指导书应用；明代由徐光启编辑出版了《农政全书》；清代由朝政组织编写印发了《授时通考》共78卷，内容包括农业改革、耕种、蚕桑、果木、畜牧等。

我国古代农书有多少？仅据原北京农业大学王毓瑚教授在《中国农学书录》（农业出版社，1964）中点到的有542部名录，尚存300多部。当然这些农书不是都能传到农民手中，但官方印发的农书，大概是可以直接或间接让农民获得农业生产技术信息的。

进入近代以来，农民素质（技术素养）的提升除了在实践中学习、向书中学习外，还可接受系统的文化教育、职业技术教育和各种形式的技术培训。特别是进入现代以来，广大农民不仅可接受9年制义务教育，还可因人制宜接受中等、高等职业技术与文化教育，在生产实践中还可以获得职业技术培训。据资料显示，京郊农民到2010年平均受教育年限达10.9年，具有大中专水平的占有一定比重，并在不断提升。当今的京郊从事农业的是有文化、懂技术、会经营的新型职业农民。到2013年北京农民素质居于全国前列，平均每一从业人员创造农林牧渔业总产值达77 516元，是1957年451.7元的171.5倍。

在素质演变的过程中，北京农业劳动者的身份也随之演变。"北京人"直至"新洞人"和"山顶洞人"都以集群相居和外出采集和渔猎食物。这时每人都是集群中的成员，能劳动者都要参与采集渔猎；进入氏族公社时每个劳动者就是原始公社社员，社员共同劳动，共享劳动成果；进入奴隶社会农民就是奴隶，受奴隶主压迫和剥削；进入封建社会农民的身份有小农（有小量土地者）、佃农（租地种者）、雇农（给地主当长工者）；进入社会主义社会后，农民成为国家的主人翁，是农村集体经济的主体。在城乡一体化进程中，他们变身为拥有集体资产的市民。

二、生产工具的不断改进

从现在可见到的史料中得知，"北京人"的后裔，"东胡林人""转年人"在"山顶洞人"时期出现的"切、钻、琢、磨"石器制作技术萌芽的基础上成功地运用"切、钻、琢、磨"创新技术制作出功能、形态不同的新石器。与火的结合创造了"刀耕火种"的原始农业，使原始人类过上了定居生活，展现了农业文明的曙光；进入奴隶社会人们发明了青铜工具；在商代中期，北京地区即已应用陨铁制作铁刃铜钺。这虽不能算是真正的铁的冶炼与应用，不过它表明早在3 000多年前，北京地区对铁在农具上的应用有初步认识和尝试（表5-1）。

表5-1　农业生产工具的演变

时期	农业生产工具
新石器时代	经磨制的新石器——石刀、石镰、石铲、石斧、石磨等
商周时代	以新石器为主，出现青铜器西周时还出现青铜钺——带铁刃的器具
春秋战国	出现冶铁和铁制农器及牛耕；出现陶井
秦汉	西汉时出现由京郊清河镇米房乡出土的铁锄、镢、铲、铁制耧足等。还出现耦犁，二牛、三人、二犁为一组，每天可耕5顷之田
魏晋南北朝	出现了水碓、水磨，利用水力进行粮食加工
隋唐	唐代出现曲辕犁由十一个部件构成，使用灵活、方便；碌碡和砺石的推广
辽金宋元	有耕播用的铧、犁、漏水器、长锄、手铲、耢、铡刀、叉——有双齿叉和三齿叉及镐、凿等，金元时的农具与辽代相差不大
明清	从清代后期起开始引进西方农业机械
民国	引进西方拖拉机、畜力播种机、脱粒机等
新中国	渐步实现机械化、电气化和物联网；山地仍有犁具牛耕或畜耕

资料来源：于德源．北京农业经济史．京华出版社，1998

到了战国时期，北京地区已从事冶铁制作铁器农具并配以牛耕；到汉代出现三脚耧用以播种提高农业播种质量与效率；到唐代出现了由 11 个部件组成的曲辕犁，据传这是古代犁具中比较先进的，并一直流传到近现代。

直到近代，中国倡用农业机器最早的文字记载，始自冯桂芬于 1860—1861 年撰成的《校邠庐抗议》。其中的"筹国用议"，提出"在北方，宜以西人耕具济之，或用马或用火轮机，一人可耕百亩"。又在"采西学议"中说："农具织具，百工所需，多用机轮，用力少而成功多，是可资以治生。"1894 年孙中山先生《上李鸿章书》认为振兴农业，宜讲求农器。"非有巧机无以节其劳，非有灵器无以速其事。"就北京地区而言，1914—1920 年，北京农专（后改称北京农业大学）有农具学课程的设置。1915 年，该校引进了农产品加工机具。京郊农业机械化事业从 1949 年开始，当时只有双桥、五里店 2 个国营农场保有 10 多台美国遗留下来的拖拉机。1950 年推广自造的七吋步犁、马拉播种机、解放式水车、喷雾器等新式农具。1952 年，五里店农场从苏联、匈牙利引进各种型号的拖拉机，组建了机耕队，开始机耕、机播的尝试。1953 年 3 月，成立了京郊第一个农业拖拉机站，为集体农庄和农业社代耕。1956 年，解放军捐款建立了昌平八一拖拉机站。1957 年留苏学生和解放军又捐款建立朝阳祖国拖拉机站和南苑八一拖拉机站。到 1957 年，本市拥有拖拉机 229 台，动力排灌机械 900 台，机耕面积达 55.3 万亩，同时，开展了机播、中耕、打药和小麦收割等试验示范。到 1958 年，拖拉机增到 391 台，有 60 个公社有了拖拉机，机耕面积 110 万亩，机械作业除了耕、种、收、脱粒外，还新增了小麦轧场、打井、发电、开渠、轧坝等。到 1965 年，全市已形成农业机械化体系，即科研、制造、供应、管理、修理、培训的管理体制。到 1978 年年底，京郊拥有农机固定资产 3.6 亿元，农机总动力 192 万千瓦。机耕面积 482.5 万亩，机播面积 369 万亩，机收面积 52.5 万亩，有效灌溉面积 512.6 万亩。到 1998 年，郊区农业机械总价值 23.23 亿元，农机总动力 415.4 万千瓦，全市机耕率达 95%，机播率达 81.4%，小麦机播率达 97%，玉米机播率达 60%左右，机施化肥、机械喷药、秸秆粉碎还田达 80%。

随着农田及耕地的减少农机总动力亦减少。1978 年以后在改革开放的推动下，农业现代化步伐加快，农业机械化发展提速，到 1996 年农机总动力达到峰值 468.4 万千瓦。之后，耕地逐年锐减，农机总动力也随之减少。到 2012 年，耕地减到 220 856 公顷，农机总动力则减少到 241.1 万千瓦。不过农业机械化的配套水平、作业效率则在日益提升。2013 年，农业综合机械化水平为 70.3%，高于全国平均水平 11.3 个百分点。

三、地力不断培肥与提高

俗话说："万物土中生""有土斯有粮"。在古代离土不为农，在现代尽管科学家们研究成功"无土栽培"，看似"无土"，但终究也离不开土对无土栽培全套设施的支撑。

我国古人在生产实践中对土地、土壤早有颇深的感性认识，并用以指导农业生产。《周礼·地官·司徒》曰："草人掌土化之法以物地，相其宜而为之种"；西汉《氾胜之书》曰："凡耕之本，在于趋时和土""得时之和，适地之宜，田虽薄恶，收可亩十石"。后魏《齐民要术》曰："顺天时，量地利，则用力少而成功多"。宋代《陈敷农书》曰：农民种田，要保持"地力常新壮"。古代常说的地力就是现代所说的土壤肥力。

如何保持"地力常新壮"？北京的古人们在生产实践中就已注意到，如原始人类的"刀耕火种"和"抛荒休耕"就是古老的养地之法。刀耕是疏松土壤，提高其通风透水性，促进土壤质地熟化，分解养分；火种就是放火烧荒，化荒秽为肥料，用旺火高温烤田松土杀病虫，提升地力。出于春秋战国时期的《吕氏春秋》之《任地》篇主张通过整地、改良土壤、深耕保墒、除草通风及施肥浇水等措施来保证地力适宜。战国时期，北京地区就重视施肥，同时，还发明并采用垄作法——即在一块地上开成许多沟和垄，沟宽30厘米，垄宽30厘米，在洼地把谷物种在垄上，在高地把谷物种在沟中。这样种，涝时洼地沟可排水、垄可抗涝；旱时高地沟底离地下水近可减轻旱灾，而沟和垄可涵养地力。

商周时期就行锄草肥田"烧薙行水，利以杀草，可以粪田畴，可以美土疆"。北京地区古代农田施肥，一是牲畜粪便及人类尿，主要是养猪积肥；二是秸秆、杂草堆肥；三是炉灶草木灰及炕土等，直到近代引进国外化肥硫酸铵、尿素等，但使用不多，仍以人畜粪便及土杂肥为主，约占大田用肥的55%。

进入新中国时代，化肥逐渐成为农业施肥的主体，并且由单一氮素肥料发展为，氮、磷、钾以至微量元素等复合肥料。进入21世纪，因以往长期大量使用化肥造成环境污染、农产品污染，引起人们极大关注，促进农用肥料品种和施肥技术的变革创新。缓释肥、有机与无机复合肥、膨化粪肥、专用配方肥等纷纷问世并投入应用，施肥技术也一改过去粗放式的"大概齐"而推行精准施肥、测土施肥、配方施肥、"肥水一体化"等，既能保证植物对肥料的需求，又不致因为用量富余流失污染环境或存留于产品内。秸秆还田与保护性耕作，即科学用肥的沃土工程已成为现代保持"地力常新壮"的重要举措。

四、良种不断提升产量与品质

北京地区自古就流传着"好种出好苗，好苗多打粮"的说法。可见，采用良种由来已久。北京地处北纬 40 度，霜期长达半年左右，在这种天、地环境中，北京人的后裔"东胡林人""转年人"始创农业首先是因地制宜地选用生育期比较短、抗寒、耐旱的作物和品种，从"东胡林"遗址和"上宅"遗址出土的植（作）物遗迹中考证到禾本科植（作）物孢子粉。孙健在《北京古代经济史》中记载：从西周初年开始，燕国人已在这里开垦了大面积土地，种植黍、稷、豆、麻等作物。房山长沟地区属于山前暖区，水源丰富，人称"青山不墨千秋画，绿水无言万古诗"，风景殊丽，林秀、土沃、泉幽、河清，"诚京畿间名胜地也"，西周时当地的农民就在这里选择种植稻米。据史料显示，这里所产的稻米米质丰腴洁白，口味清香，《史记》记有"九蒸九晒，色泽如初"。到清代成为乾隆笔下的鱼米之乡，其米成为清宫"御塘贡米"。春秋时期燕国即从齐国引进蔬菜良种 24 种之多，解决了本地区长期以蓟、薇为主的野菜的局面。

到了战国时期，据《周礼·职方氏》记载"幽州……谷宜三种"。汉代郑玄注云：三种即"黍、稷、稻"，到了后魏时期出现如《齐民要术》提出的采用良种和提倡造种。是时，《齐民要术》向农民推荐的有粟良种 81 个、水稻良种 24 个、大小麦良种 2 个、小豆良种 3 个、大豆良种 4 个、蔬菜良种 34 个。《齐民要术》的著作资源来自黄河中下游及其以北地区，谅必服务于黄河中下游及其以北地区。有史料显示贾思勰曾到过北京地区调查研究。

从西汉起各朝代都注意从国外引进动植物优良品种或特有品种。

如西汉时就从大宛引进"汗血马"良种；引进王瓜（即黄瓜），并采用地洞温室于冬季种植上市；五代时引进西瓜、菠菜等；宋元时引进胡萝卜等。明清时引进白薯、玉米、番茄、棉花良种等。清代后期引进苹果、来航鸡、黑白花奶牛及良种猪等。

新中国成立之后，北京农业大学农学系，一方面从国外如美国引进杂交玉米自交系、早洋麦等良种；另一方面加紧自主培育小麦、玉米新品种。先后培育出农大183、农大311、农大139，代45、东方红3号分别成为京郊小麦生产中五次更新换代中的主栽品种；培育出杂交玉米新品种"农大4号""农大7号"等，率先在本市试种双杂交种玉米。至今，北京地区冬小麦主栽品种已更换了8次，每次更换可使单产提高5%～10%；玉米主栽品种也更换了6次，每次更换可使单产提升50千克左右。现在的玉米品种类型多样，有粮饲兼用的，有适于鲜食的甜玉米、糯玉米、彩色玉米等。蔬菜生产不仅有当地传统的优良品种，还有引自国内外的"特菜"品种上千种；饲养动物中有本市育成的北京黑猪、北京黑白花奶牛、北京红鸡、北京白鸡、北京油鸡、北京鸭等；还有引进的大白猪、长白猪、杜洛克、汉普夏等优良种猪，还有优良种公牛。可以说，如今北京农业中的动植物已良种全覆盖，并且不断更新换代，是古代所难以比拟的。

北京地区在动植物良种培育中还涌现出一批知名品牌，古有北京鸭、北京油鸡、北京金鱼、京白梨、樱桃沟樱桃、黄土坎鸭梨、郎家园大枣、怀柔板栗、北寨红杏、京西稻、西苑白藕、苏子峪蜜枣、房山磨盘柿、金顶玫瑰花、密云小枣等；现代科研创新动植物品种有北京黑白花牛（后改名为中国荷斯坦奶牛）、北京黑猪、北京白鸡、北京红鸡、京欣西瓜、京字号大白菜系列、京字号番茄系列、京字号小麦、玉米品种系列，还有一系列非京字号动植物优良品种前仆后继于北京农业生产之中，支撑着现代农业可持续发展。

五、兴修水利润京华

水利是农业的命脉，现代如是，古代亦如是。科学认识水，它有两重性，水多积涝为患，水少干旱亦为患。为避患为利自古以来朝政都注意兴修水利，维安一方。

相传大禹治水就涉及北京地区的灢水（即永定河的前名），推行农田沟洫体系和垄作法。之后，在北京历史上的知名水利工程有：东汉时渔阳太守张堪率众"于狐奴（引水）开稻田八千余顷，劝民耕种，以致殷富"。

北齐时，渔阳燕郡有故戾陵堰，"广袤三十里，皆废毁多时，莫能修复。时水旱不调，民多饥馁。延儁谓疏通旧迹，势必可成，乃表求营造。遂躬自履行，相度水形，随力分督，未几而就，溉田百万余亩，为利十倍，百姓至今赖之"。

北齐乾明元年（公元560年），嵇华又开督亢阪，设置屯田，每年收稻粟数十万石。

唐代裴行方"为检校幽州都督，引卢沟水广开稻田数千顷，百姓赖以丰给"（见《册府元龟》卷49）。

大业四年（公元608年），隋炀帝杨广下令组织百万民工修建永济渠，"引沁水，南达于河，北通涿郡"。全长1 000多千米。至唐代续修到北京通州形成由北京直下杭州的大运河，史称京杭大运河。

元代，至元二十八年（1291年）由郭守敬规划并主持施工，到至元三十年建成西起积水潭，南行出城东至通州与潮白河相接的通惠河。其水源采取引泉济漕运，主要水源：一是疏道引西山玉泉山的泉水；二是引西山以北昌平白浮村诸泉注入瓮山泊（昆明湖前身），二泉汇于瓮山泊后再东流入通惠河。通惠河的开凿使南来的漕运可直通京城。

清代还清永定河。永定河原名浑河、无定河。清代康熙年间"疏筑兼施，浚河百四十五里，筑南北堤百八十余里""达西沽入海""赐名永定河"。在兴修中采用"以清冲浊"，使浑变清，"无迁徙者垂四十年"《清史稿·河渠三》。雍正年间指派怡亲王允祥主持治水，提出"聚之则为害，而散之则为利；用之则为利，而弃之则为害。仿遂人之制，以兴稻人之稼，无欲速，无惜费，无阻于浮议。"《畿辅河道水利丛书·水利营田图说》。再实施中，广泛兴修水利营田，分散用水，从而达到治水的目的。史料显示，雍正五年至七年间畿辅地区共经营水田约6 000顷，连续多年获得丰收。

民国期间，顺直水利委员会从1923年开始在顺义县苏庄（现归通州）建闸，挽一部分潮白河洪水回退归北运河故道，其工程由两闸组成，一为30孔的泄水闸，一为10孔的进水闸，孔宽均为6米，又有新引河一道长7千米，河通潮白河与北运河。全部工程于1925年8月完成。该闸是本市历史上第一大闸，曾抵御多次洪水，箭杆河患得以缓和。

新中国成立后，北京地区水利工程洋洋大观是古近代无可比拟的。古人由于条件所限，水利工程虽有所创新，但主要集中在疏浚河道、垦荒引水灌溉发展稻作，或凿井提水浇园，或是疏洪排涝，最大的是开挖运河发展漕运。而今日的水利工程，功能模式多样，既搞开源引水，亦搞截流蓄水；既搞防洪泛滥，亦搞节水、蓄能（水电）；既引地表水（河、湖、塘、库之水），又开发地下水，截蓄过境水，利用再生水，实行"四水联动"；既搞防洪抗旱，又搞节水有效灌溉，以保障农业命脉、兴水为利。新中国成立之初首修了官厅水库，随之相继兴修了十三陵水库、怀柔水库、密云水库等一大批大中小水库共88座，其中，大型的4座、中型的17座、小型的67座，总库容93.77亿立方米。密云水库成了首都珍爱的"一盆水"，整修堤防 1 545.87 千米；治理水土流失面积 4 630 平方千米，取水凿井 84 748 眼，其中，电机井 62 645 眼——其中，灌溉井 32 832 眼；治理河湖取水口 347 个；治理保护河流，流域面积 10 平方千米及以上的 425 条河流中有防洪任务的河段长度为 4 586.98 千米；整修塘坝 2 766 处，总容量 9 451.24 万立方米，共修建窖池 5 075 座，总容量 27.77 万立方米；建立农村污水处理厂——乡镇级 44 座，日处理能力 10.16 万立方米，村级站 1 007 座，日处理能力为 14.23 万立方米；常年水面面积 0.10 平方千米以上及特殊湖泊 41 个，水面总面积 6.88 平方千米，全部为淡水湖；建集雨工程 800 余处，增加蓄水能力 2 750 万立方米（表 5-2）。

表 5-2　主要农田水利工程演进

时期	主要农田水利工程
新石器时代	依山傍水——历经 300 万年的永定河（母亲河）水系，趋利避害
商周时代	大禹"致力于沟洫"，即注意兴修排水工程。《考工记·匠人》中就记载有井田水利工程："九夫为井，井间广四尺、深四尺，谓之沟。方十里为成，成间广八尺、深八尺，谓之洫。方百里为同，同间广二寻、深二仞，谓之浍。专达于川，各载其名"。这里的浍、洫、沟等都是田间渠系中的逐级渠道
春秋战国	出现陶井进行提水灌溉或浇园圃。注意"以窪为突"，即洼地排水。实行"垄作制"……
秦汉	出现了人工提水机械——翻车；发明了水碓，利用水力进行农产品加工；兴修水利、引沽水和鲍丘水灌溉种稻，凿井提水
魏晋南北朝	修建戾陵遏（又名戾陵堰）、开凿车箱渠。水灌蓟城南北，"润含四百里，灌田万余顷"，垦荒种稻，这是北京地区出现的第一座规模较大的水利工程
隋唐	隋炀帝征河北百万余人开凿大运河北段，疏通南北漕运
辽金宋元	辽辟荒泊池沼为水田种稻；金引宫左流泉灌田，岁获"稻万斛"，建立城西灌区；元引白浮村水开凿通惠河与会通河，蓄水北运河和农田灌溉
明清	明代开源（泉流）引水，辟荒种稻，仅延庆及周边即达 8 万亩；西湖一带辟水注为稻田，"环湖十余里"。清代，疏浚无定河为永定河，并广开稻田
民国	京城四郊农田以井灌与引河水灌溉相结合，并引入西方水利科技
新中国	实现地表水、地下水、过境水、再生水"四水联动"及农田水利化，发展高效节水农业，采用管道输水、喷灌、滴灌，水的利用系数已达 0.70，节水灌溉面积达 428.7 万亩

资料来源：综合史籍及现代水利资料

以上总的是开源节流，实行利用与防患结合的举措。可自 1972 年大旱以来，北京地区的气象走向至今一直以旱为主，农业用水日益紧缺。为了保障农业持续发展，经科学决策发展节水农业。从 20 世纪 70 年代起引进国外先进的喷灌、滴灌技术装备开展节水农业试验获得成功后，一方面扩大技术引进；另一方面消化吸收，自主创制节水装置。同时，还因地制宜地修建地下输水管道，减少渠道输水损失，试验水、肥一体化，以提升水、肥利用效率和效益。通过试验、示范，促进节水农业技术措施的推广应用。到 2010 年，已建立起喷灌、滴灌、微灌、管道灌溉等全面发展的节水灌溉体系，累计发展节水灌溉面积 285.8 千公顷（428.7 万亩），占灌溉面积的 88%，农业利用再生水达到 3 亿立方米，农业用新水由 2003 年的 13.8 亿立方米下降到 2010 年的 8.81 亿立方米，灌溉水利用率达到 0.69，农业用水量有 1991 年的 21.52 亿立方米下降到 2010 年的 11.38 亿立方米；到 2013 年，全市万元农业增加值用水量仅为 562 立方米，较 2009 年下降 44.7%，但北京农业生产效率一直处于全国领先水平。2013 年，第一产业土地产出率为 2 435 元/亩，大大高于全国水平均水平；第一产业劳动产出率达到 7.8 万元/人，在 31 个省市中排于第二位，远高于全国平均水平。

六、防治病虫草害

"病虫草害是农业的大敌"。自古以来农民都注意防治农业病虫草害，只因历史条件的局限实际操作比较粗放甚至难为。据史料显示，在奴隶制时代的"井田制"农业生产中即已注意到"治虫"，不过所治虫多为蝗虫——是古代多发、高发性害虫，对其治法——原始时期即便到封建社会多为扑打，严重时局地烧荒灭虫。相传唐代时，北京地区的顺义县发生蝗灾，庄稼被吃得只剩光杆，百姓束手无策，焚香火以祈求虫王保佑。宰相姚崇知悉后推广焚埋法，并调来军队与百姓共同灭蝗，并用油炸蝗虫充饥。因为人多、得法，几天的工夫，就把蝗虫灭得一干二净。对于农业的病害防治史料中少见。对地下害虫如蛴螬、蝼蛄等有用砒霜拌种毒杀的记载。清除田间杂草是古人可以做到的，办法就是中耕或翻耕。对农业病虫草害真正能对症下药的"还看今朝"。20 世纪 70 年代之前有了剧毒药——"六六六""DDT"；之后陆续采用高效、低毒低残留农药治病、治虫，用除草剂除草，再进入保障农产品安全无（无公害）污染和生态环境安全，现代科学研究出一系列具有环保安全防治病虫草的化学农药和生物农药及防治新理念。

理念创新：预测预报，防重于治，治早治小治了；综合治理，维护生态安全。

技术创新：生物防治——以虫治虫，以菌治虫，生物提取农药等。

物理治虫——黄板诱集，性引诱剂诱杀，银灰膜趋虫，黑光灯诱杀……。

化学药剂杀虫治病、除草——采用高效、低毒、低污染（残留）化学农药等。

总之，现代植物保护技术已朝着"绿色防治"方向发展，不但要提高对农业病虫害的防治效果，保护植物安全生产，还要维护农产品及生态环境安全，不受农药污染。

七、科技成为农业的第一生产力

马克思曾指出："科学是一种在历史上起推动作用的、革命的力量"。还指出："劳动生产力是随着科学技术的不断进步而不断发展的。"

毛泽东于 1956 年向全党、全国人民发出"向科学进军"的号召。

邓小平于 1978 年 3 月提出"科学技术是生产力";1988 年又进一步提出了"科学技术是第一生产力";还提出"发展农业,一靠政策,二靠科技,三靠投入"。

回顾北京现代农业的发展史,就是一部农业科技发展与应用并转化为"第一生产力"的历史。

第四节　北京农业的功能演变

从原始农业到整个传统农业阶段,北京农业的基本功能和一般地区农业功能一样,就是单一的生产食物和工业原料功能。但随着城市的发展和城市人口的增加,城市对农产品的需求也随之增加。在城市需求的拉动和小农们对利益的追求下,农业生产除了小农的自给外还得供养城市,并在交易中获得利润。进入社会主义社会,农民成为国家的主人,成为社会主义大家庭中"我为人人,人人为我"的相互服务的一员,担当服务社会的职责。

1953 年,中共中央提出:"大城市郊区的农业生产,应以生产蔬菜为中心,并根据需要与可能发展肉类、乳类和水果生产,以适应城市需要,为城市和工矿区服务"。

1959 年 2 月 3—4 日。北京市委、市人委提出:"郊区生产为城市服务的方针",把郊区农村建设成为首都服务的副食品生产基地。

1959 年 2 月 20 日,北京市委再次"要求把郊区迅速建成首都的副食品生产基地"。

1981 年,北京市委提出"服务首都,富裕农民,建设社会主义新农村"的指导方针。

1983 年中共中央、国务院在对《北京城市建设总体规划方案》的批复中指出："农业的发展应以面向首都市场适应首都需要为基本方针……把郊区尽快建设为首都服务的稳定的副食基地"。

1992 年，市委将原来的"服务首都，富裕农民，建设社会主义新农村"修订为"服务首都，面向全国，走向世界，富裕农民，建设社会主义现代化新农村"。

服务与富民是当今北京农业功能的基本出发点和落脚点。

但随着现代生活丰富多彩的需求，农业的服务内容在开拓创新，到 2003 年，农业由过去单一的生产功能拓展到生活功能——为市人提供观光、休闲服务；生产功能——呵护环境，创造城市宜居的良好生态环境；示范功能——成为国家现代农业的窗口……。

如今，北京农业的四大功能已成为资源约束型情况下提质增效新的增长点——为服务首都拓展了新的宜居空间，为富裕农民开拓了新的增值领域如观光、采摘、休闲、体验、会展，等等。

2005 年，北京市提出"发展都市型现代农业"，就把上述四种功能纳入其中以服务首都。在实施的 2 年中，其耕地已从 1978 年的 643.9 万亩减少到 2007 年的 384.3 万亩，下降了 45.9%；农业劳动力从 120.27 万人减少到 61.5 万人，下降了 49%。但农林牧渔业总产值却增长了 22.7 倍。2007 年，单位耕地创造农林牧渔业总产值 7 818 元，比 1978 年增长 42.8% 倍。30 年年均增长 13.9%；平均每个从业人员创造的农林牧渔业产值为 4.4 万元，增长 45.4 倍，30 年平均增长 14.2%（见北京市统计局及国家统计局北京调查总队《数据图解京郊改革 30 年》）。在耕地不断减少情况下，2014 年农林牧渔业总产值达 421 亿元，为历史最高。

2006 年，本市农业生态服务价值达，5 813.96 亿元，其中，农业经济价值为 269.97 亿元，占生态服务价值的 4.7%；生态经济服务价值

42.92 亿, 占 0.7%; 生态环境服务价值达 5 501.07 亿元, 占 94.6%。农业生态功能促进城市宜居贡献率为 68%。生态农业促进农业增收 13.1 亿元 (2007 年)。

2007 年年底, 京郊农民人均占有家庭资产达 68 230 元, 比 1992 年增加 63 430 元, 增长 13.2 倍。

京郊旅游业正在成为本市扩内需、调结构、惠民生、促增长、保稳定的重要力量, 从 2007—2012 年, 乡村旅游收入从 16.1 亿元增至 36 亿元, 实现了翻番。

第五节　北京农业产业结构演变

采集渔猎时期 "北京人" 的食物结构从周口店 "北京人" 遗址的遗迹中可以有所了解, 采集的朴树籽、豆科植物种子和鸵鸟蛋等; 猎取的动物有野生的鹿、马、牛、羊、猪等温和性动物。

一、动植物种类结构演变

1. 粮食作物 (表 5-3)

表 5-3　粮食作物的演变

时期	粮食作物
新石器时代	粟、黍、小豆及榛子、栗 (平谷上宅)
商周时代	粟、黍、榛子、菽等; 西周时房山长沟 (古为西乡) 即种稻
春秋战国	粟、黍、大豆、荞麦、大麻等 (房山丁家洼)《周礼·职方氏》记载: "幽州……谷宜三种", 汉郑玄注: "三种: 黍、稷 (粟)、稻"
秦汉	以粟为主, 再就是黍、稷、稻、小麦
魏晋南北朝	"三更种稻, 边民利之", 即以黍、稷、稻 3 种为主
隋唐	粟、小麦、水稻、胡麻、豌豆、大麦、穬麦 (燕麦)、荞麦等

（续表）

时期	粮食作物
辽金宋元	粟、麦、稻、高粱、豆、麻等。到元代各类作物品种多样：粟有 18 种，黍有 3 种，豆类有 10 种
明清	麦、稻、粟、黍、豆、高粱；开始引进玉米、甘薯、土豆等。麦、稻、玉米、粟、黍、豆、高粱、甘薯、土豆等 从明代开始引进棉花、蓝靛等经济作物，到清代后期进入商业性生产，到民国时期形成商品规模化生产
近代	玉米、麦、稻、粟、豆、黍、高粱、甘薯、土豆等
新中国	玉米、小麦、水稻、粟、甘薯、豆类、高粱等

资料来源：十德源. 北京农业史. 人民出版社，2014

原始农业结构中有粟、黍和豆类（上宅遗址中），传统农业时期，战国时期除发现有粟、黍和豆外，还有麦（指荞麦）、大麻等。而《周礼·职方氏》中则记载道："幽州……谷宜三种。"汉郑玄注："三种：黍、稷、稻"。

秦汉时期：以粟为主，其次是黍、稷、稻、小麦；魏晋南北朝时期：黍、稷、稻 3 种；

隋唐时期：粟、小麦、水稻、胡麻（即芝麻）、豌豆、大麦、穬麦（即燕表）、荞麦等；

辽金宋元时期：粟、麦、稻、高粱、豆、麻等。

明代：麦、稻、粟、黍、豆、高粱，后期（万历年间）引进玉米、甘薯、棉花；

清代：麦、稻、玉米、粟、黍、豆、高粱、甘薯、土豆、棉花、染料等；

近代：玉米、麦、稻、粟、豆、黍、高粱、甘薯、土豆、棉花等；

现代：玉米、小麦、水稻（20 世纪 70 年代后期开始退出——因缺水）、粟等。

2. 蔬菜作物（表5-4）

表5-4　主要蔬菜作物的演变

时期	蔬菜作物
新石器时代	蓟菜（菊科）、薇菜（豆科）等野生蔬菜（采集）
商周时代	仍以采集野生蓟菜、薇菜等为主
春秋战国	菽、葵、韭、薇、瓜、瓠、芦（萝卜）、葑（芜菁）、藕、荠菜、苋菜、菱角、芋头、菌等24种，仍以采集野生蔬菜为主
秦汉	榆钱、葱、韭、菱角、芡实、芜菁、杂蒜、苜蓿、檀菜（苍耳）等
魏晋南北朝	栽培和野生蔬菜种类达50~60种，并分9大类别，如叶菜、根菜、葱蒜类菜、瓜类和茄果类菜、辛香类菜、多年生菜类、水生类及杂类蔬菜、可采摘的野生蔬菜（蒲、蕨、荇、榆荚、菰菌、木耳）等
隋唐	有多少菜种未见资料，但新出现的菜有茄子、莴苣等，并出现春、夏、秋多季节播种栽培和"蔬菜行业"经营
辽金宋元	有蔬菜50余种，新出现的有菘（白菜）、甘蓝、豇豆、油菜、菠菜、莙达、胡荽、罗勒、同蒿（茼蒿）、冬瓜、黄瓜、扁豆、芋头、旱芹、牛蒡、生姜、苦瓜、菜瓜、胡萝卜、木耳、海菜等。到元大都城的蔬菜种类增至45科，总数超过140种。出现保护地栽培（大面积）
明清	明代北京地区生产的蔬菜大约114种以上，新出现的有丝瓜、黄瓜、豆芽、苔菜、芹菜、山药、羊肚菜、水萝卜、番茄等；清代北京地区蔬菜名录有59科208种（其中，引进国外的68种）
近代	民国时期北京地区蔬菜种类有190多种。新增的有10种：引入的有太谷菜（乌塌菜）、花生菜（苦苣）、金花菜（黄花苜蓿）、芥蓝菜、洋槐花、草莓和洋菌；有国内引入的榨菜、紫菜苔、白兰瓜等3种
新中国	栽培的蔬菜品种达57个种属，300多个品种。自20世纪80年代，还引进近千种国内外名特优品种，统称"特菜"

资料来源：张平真.北京地区蔬菜行业发展史.中国农业出版社，2013

原始时期只有野生的蓟和薇2种。

从春秋时期开始发展蔬菜生产，当时引种24种，到魏晋南北朝时期发展到50~60种；辽金时期为53种；宋元时期达140种；明代约为114种；清代达208种；民国时期为190种；现代上千种，上市品种300~400多种。

3. 果树（表 5-5）

表 5-5 主要果品生产的演变

时期	果树种类
新石器时代	采集野生果实，有朴树籽、山毛榉属果实、桑葚、柏科果实等
商周时代	枣、栗等野生果品（采集）
春秋战国	枣、栗、桑、杏、梅等，仍以采集野生果品为主
秦汉	枣、栗等，汉代出现大面积栗园、枣园；桑蚕业亦为发展。栗成唐的贡品
魏晋南北朝	果品延续传统。桑蚕业因气候由温润转为干寒而逐渐衰退
隋唐	枣、栗，桑蚕逐渐恢复与发展，五代时引进西瓜
辽金宋元	辽代南京设置栗园司"典南京栗园"，此时出"炒栗"；金代"凡桑枣，民户以多植为勤，少者必植其地十之三"；元代出现葡萄，另有苹婆、桃、胡桃、香水梨、榛。当然，亦有传统的枣、栗、杏等
明清	明代，除传统的枣、栗、榛、核桃、杏、李之外，还有梨、苹果、沙果、葡萄、樱桃、胡桃、火腊槟等清代，除了上述果品外，还有银杏、石榴、杜梨、沙果、柿、松子、山楂、桑葚、猕猴桃、无花果、莲子等几十种
近代	北京中央农事试验场征集到果树 165 种，进入本市应用的有国光、红玉、青香蕉、金星、元帅等苹果；鸭梨、秋白梨等；水蜜桃、大久保桃、白桃、六月鲜、蟠桃等；玫瑰香、龙眼等葡萄
现代	栽培名果 13 个种类 3 000 多个品种（《北京日报》2010 年）。其中，名果 320 多个

资料来源：综合多种历史文献书籍

　　地质勘探在北京地区发掘出距今 2 500 万年的核桃孢子粉（见《北方果树志》）；考古工作者在周口店"北京人"遗址发现距今 50 万~70 万年的板栗遗迹，在平谷上宅遗址发现距今 4 500~7 000 年的榛栗孢子粉遗迹。石器时代人们多采集朴树籽、山毛榉属果实、桑葚等；商周时期盛产枣、栗；春秋战国时期：枣、栗、桑榆、橘、梅等；秦汉时期枣、栗，汉代出现大面积枣园、栗园；魏晋南北朝延续以前果品；隋唐仍盛产枣、栗，五代时引进西瓜；栗成为对唐王朝的贡品；辽金在南京、中都建立"栗园司"督建大栗园生产，出现"炒栗子"，金制

"凡桑栗，民户以多植为勤，少者必植其地十分之三"；元代出现葡萄、苹婆（果）、桃、胡桃、香水梨、榛；明代除了枣、栗、榛、核桃、杏、李之外还有苹果、沙葡萄、樱桃、胡桃、火腊槟等；清代除了上述果树外还有银杏、石榴、杜梨、柿、松子、山楂、猕猴桃、无花果、莲子等。近代：北方农事试验场征集到果树165种，进入市场的由外面引进种植的水果有苹果多种——国光、红玉、青香蕉、金星、元帅等，梨有鸭梨、秋白梨、京白梨、黄土坎梨、金把黄梨等；桃有大久保、水蜜桃、蟠桃、六月鲜等。现代有自育与引进果树品种3 000多个，并发展起北种"南果"，果品市场繁花似锦。

4. 养殖种类（表5-6）

表5-6　主要畜禽养殖的演变

时期	养殖种类
新石器时代	至少有猪、狗、鸡3种，可能有黄牛、蚕等。是驯养猪，狗的源头
商周时代	除了上列畜禽外，出现了马、牛等
春秋战国	出现"六畜"：马、牛、羊、鸡、犬、豕及鱼
秦汉	《周礼·职方氏》："幽州……其畜宜四扰"。郑玄注："四扰，马、牛、羊、豕"。引进西域"汗血马"……
魏晋南北朝	"六畜"中，犬已退出畜牧养殖
隋唐	马受重视，并引进胡马，"既杂胡种，马乃益壮"，牛、羊、猪成为家养之畜
辽金宋元	马、牛、羊、猪、鸡、鸭等
明清	畜牧业不发达，但养马仍受重视清代后期引进黑白花奶牛及大白、长白优良种猪。明清晚期分别培育出"北京鸭"和"北京油鸡"
民国	引入泰姆华斯猪、波中猪、约克夏猪，并用杂交改良本地猪；引进荷兰黑白花奶牛、美利奴羊、来航鸡，并用其改良本地鸡等
新中国	瘦肉型猪、奶牛、肉牛、肉羊、绒山羊、蛋鸡、肉鸡、北京鸭、珍禽等；山区有驴、马、骡等

资料来源：于德源．北京农业史．人民出版社，2014

石器时代至少有驯养的猪、狗、鸡3种；商周时期出现了马、牛；春秋战国时期形成了六畜之说，即马、牛、羊、猪、犬、鸡。另有鱼；秦汉时期，《周礼·职方氏》中则记载道："幽州……其畜宜四拢。"郑玄注："四拢，马、牛、羊、豕"，汉时从西域引进汗血马；魏晋南北朝时期，犬（狗）退出畜牧业养殖；隋唐时期马受到重视；猪成为普遍家养之畜；辽金元时期马、牛、羊、猪、鸡、鸭等。明代畜牧业不发达，但受重视，培育出"北京鸭"；清代后期引进了黑白花奶牛、波中猪、约克夏猪、泰姆华斯猪等，还引进美利奴羊，来航鸡等；还培育出"北京油鸡"；现代除"六畜"中花色品种多样外，还引进培育出许多新品种，引进的大白猪、长白猪、杜洛克猪、汉普夏猪等，培育出北京黑猪、北京黑白花奶牛、北京瘦肉型鸭、北京白鸡、北京红鸡等。还引进非洲波尔山羊及欧美及澳大利亚优良种公牛。

5. 水产种类

1949年以前北京地区野生渔业资源约有70多种，如今房山区拒马河仍存在被称为活化石的多鳞铲颌鱼。怀柔区北台上水库至今仍有娃娃鱼。以前人们以河沟捕捞为渔业。新中国成立以来陆续实行人工养殖，开始以青鱼、鲤鱼、草鱼、鲢鱼、鲫鱼为主，之后陆续引进虹鳟鱼、罗非鱼、罗氏沼虾，鲶鱼、鲟鱼、鳜鱼、乌鳢等几十种鱼类。

二、北京现代农业结构调整

新中国成立以来，北京农业结构已经历了五次大的调整。据《北京日报》报道：分别发生在1949—1978年、1980—1990年、1990—2000年、2003—2013年及2014—2020年。前4次农业结构调整，按北京市农业局原局长吴宝新的说法，其共同特点是"一直在做加法，不论是增加面积，保障供应，还是增添服务市民、优化生态环境等功能，始终是'增'字当头"。而这次正在进行的第五次调整则不同，"北京农业开始做'减法'了"。说得具体点，前4次农业结构调整做"加法"有3种情况：一是增加粮食用地，提升粮食供给水平，解决温饱问题；二是增加副食品生产基地，保障对城市的供应；三是开拓农业的服务功能，由单一的物质生产功能，拓展到生活（休闲观光）功能及生态涵养功能及科技展示功能。前4次农业结构调整虽涉及土地和水资源因素，但均不以其为前提。而从2014年开始的农业结构调整，其前提是着力于高效节水与呵护生态友好。从2014—2020年，粮经作物耕地面积消减过半，由170万亩减到80万亩；农业用新水总量由2013年的7亿立方米左右减少到5亿立方米左右。只是蔬菜生产用地有所增加（由59万亩增加到70万亩）。而畜禽养殖占地2万亩，渔业养殖占地5万亩。

为了发展高效节水农业，市政府出台一系列推进节水高效的举措：一是减粮田。全市粮食生产用地面积减少90万亩，地下水严重超采区退出生产性小麦种植59万亩；地下水超采区，粮田将逐步有序退出生产性小麦种植，并代之以"生态作物+雨养旱作物""景观作物+雨养旱作物""多年生越冬生态作物和"休耕"这4种模式。在地下水超采区内的蔬菜生产、水产养殖面积将基本稳定，畜禽养殖总量将适度减少。二是设定灌溉标准并严格控制：设施农业每年每亩额定用水量不超过500立方米；大田作物每年每亩用水量不超过200立方米；果树林地每年每亩用水量不超过100立方米。三是加强水源管理，实行"地下水管起来、雨洪水蓄起来、再生水用起来"。四是选用节水动植物良种。五是实施节水行动"2463"计划，即到2020年，农业累计节水2亿立方米；实施蔬菜、粮经、畜牧、渔业4大高效节水工程；推广菜田高效精量节水，菜田简便实用节水，旱作农业生产，畜牧、渔业高效节水等 6 种节水模式；采用微灌施肥、喷灌施肥等 31 项农业节水主推技术。将建百个蔬菜节水示范园，大力发展"一株苗节水一千克"的工厂化集约育苗；建立遍及郊区的 40 个农业生态园，示范推广农业生态节水技术；六是创建集雨工程，用好雨洪。从 2006 年以来本市已利用闸坝、坑塘、低洼地、老河湾、砂石坑、排水渠等，在 10 个郊区县建成农村雨洪利用工程 1 300 多处，其蓄水能力可达数千万立方米。

水肥一体化技术是实现高效节水农业的重要技术创新。据估算，大田应用该技术，每年每公顷可减少用水量 900 立方米，与传统大水漫灌相比可节水 30% 以上。同时，还可提高肥效。

第五次农业结构调整基本框架是调粮保菜，做精畜牧水产业，优化农业空间布局，创新发展，提质增效，服务首都，富裕农民。提质增效的主要途径是提升农业服务价值：

一是观光休闲服务，持续办好观光农业园、推行农业观光季——根据"春耕、夏赏、秋收、冬养"四季特点，因地制宜、因时制宜推出多彩的田园美景、主题庭院、药膳花宴、特色精品为主的系列景观产品开发，以大田景观、沟域景观、园区景观及庭院景观为主开发赏、食、体验、采摘、愉悦兼顾的服务型农业，提升农业的服务价值。

二是创建农业生态园，提升农业的生态服务价值。

三是发展精准农业，提高农业要素的投入产出率。实践表明，推广精准技术，可使肥料利用率提高 10% 以上，省药 20%～30%。采用智能化芽种生产技术和设备，可实现芽种出芽率提高 10% 以上，催芽时间节省 2～3 天，亩产量增加 5%～10%。

四是发展会展农业。如延庆区 2014 年通过承办世界葡萄大会引进了五湖四海的葡萄良种 1 014 个，其 80% 集中在延庆镇唐家堡村栽植，使该村成为远近闻名的"世葡村"。葡萄设施园占地 450 亩，建有温室

71 栋，拥有藤捻、摩尔多瓦、夏黑、巨玫瑰等 32 个鲜食品种。世葡会带动延庆区建起世界葡萄博览园、葡萄酒庄产业带及葡萄酒交易中心、葡萄酒质量鉴定评级中心、国家级葡萄科研与产业服务中心、葡萄酒工程培训中心，首开本市葡萄产业链和完整的葡萄文化，成为本市葡萄经济的生长点。

2013 年 4 月，举行的第九届中国（北京）国际园林博览会，其所在地（丰台区王佐至门头沟段）共占地 513 公顷，原是永定河旧河道的一部分，曾是沙坑遍地，满目荒凉。从 2010 年 1 月启动园区建设到 2012 年年底，这里则崛起一座相当于两个颐和园面积的绿色盎然、山清水秀、湖光塔影、景色优美的园博园，成为生态修复的示范和节约型园林绿化的典范，成为永定河绿色发展带上一颗璀璨的明珠，成为中外游客、社会公众游乐、观光的、尽享生态文明的乐园，使昔日的风沙源变为当地民众就业的致富地。

创建国内最大的马铃薯研发基地。2015 年起，延庆区借助"2015 年北京世界马铃薯大会"的召开，建成国内最大马铃薯研发基地，集聚国内外马铃薯种质资源上万种。延庆已有的国家马铃薯工程技术研究中心和中国农业科学院马铃薯产业示范基地具有年产马铃薯微型种薯 1.5 亿粒的能力（见《北京日报》2015 年 4 月 19 日）。

种业之都已见端倪。从 1992 年起，北京丰台已成为我国种业年会的集散地、种业交易交流中心，在通州区于家务镇建立有国际种业科技创新基地等。2013 年，北京种业年产值突破 60 亿元，占全市农业总产值 1/5。就北京地区种业科技优势的潜力看，种业经济将成为北京都市农业发展的突出亮点。

五是湿地变公园。京郊有许多自然湿地在恢复前，生态状态各有不同，有的是荒凉的沙坑，植被稀少；有的是退化的河流湖泊；有的

虽是人工湿地，但污水弥漫。它们都曾被视为"废地"。在生态环境修
复中已有转化为于自然与人类有益的湿地公园，总面积达5 600余公顷。
按照《北京市湿地公园发展规划》，到2020年，本市将依托现有湿地
资源新增湿地公园40处，总规划面积15 576公顷。在2015年前建成
10座湿地公园，总规划面积为1 800公顷。

湿地是地球之"肾"，是自然生态系统中自净能力最强的生态系统
之一。据海淀区翠湖湿地的监测，流入的是劣五类地表水，净化后可
达到地表水三类水质。

湿地改造不仅呵护了生态环境，还可增加当地农民公益性社会服
务收入。通州区普通一亩藕塘地，一般年收益最多2 000元。改造成湿
地后，农民不仅可以得到1 500元/年的土地流转费，还可担任护林员，
得到每平方米4元的管护费用，一年一亩地的收益达4 000元，并且旱
涝保收（见《京郊日报》2013年9月16）。

湿地的生态功能包括调节区域气候；调蓄洪水，是蓄水防洪的
"海绵"；制造氧气，是自然界的"氧吧"之一；固碳；维持生物多样
性。据科学测算，湿地的生态价值是森林的8~10倍。资料显示，北京
地区湿地中植物1 071种，占全市植物种数的48.7%，栖息动物有393
种，占全市动物总数的75.6%。

截至2013年，全市已建成的湿地自然保护区6个，总面积为2.11
万公顷。其中，知名的有延庆康庄地区的野鸭湖、顺义杨镇的汉石桥
湿地、大兴的南海子湿地等。

第六节　北京农业的商业演化

据史料记载，早在"山顶洞人"时期，北京地区就出现交换行为

的萌芽。在其遗址中出土有南方的贝壳，有北方（现宣化地区）的赤铁粉和"山顶洞人"制作的由贝蚌壳串连成的装饰品；在古燕都遗址的文化堆积中出土了青铜器、生活用品、车驺、酒器、兵器等，亦发现贝、蚌货币。因此，有学者推测，"古燕都已经出现了原始商业"①。随着古都"燕"和"蓟"城市的扩展、人口的增加，到战国时，蓟城已是一个商业比较发达的北方都市，出现了定期的集市，其商品既有本地产的，也有外埠进来的。燕国出自商业的需要，创造了"明刀币"作为商业交换的货币，当时上市交易的本地产品有黍、稷、稻、麻、枣、栗、马匹、绢帛等，还有铁器工具，薪柴、山货等。时年蓟城因商业的繁华，被称之为"天下名都"之一。西汉时，由于农业和手工业的发达，蓟城又成为地区性贸易中心，唐代时幽州城商贸也十分活跃，城内行业达30个，其中，近半为农产品行业的，如米行、粮行、菜行、肉行、油行、果行、薪炭行等。元代大都城的人口猛增，到泰定四年大都城市人口达95.2万人，形成莫大的消费需求市场。据记载，当时城内设置几十处专营商品市场，与农业有关的有米市、面市、菜市、粮市、牛市、马市、驴骡市、猪市、鱼市、果市、鹅鸭市、薪柴市等。大都城郊有定期的集市，并一直比较兴旺，"俨然世界商业中心"，其时令农副产品几乎都出自本地区农业。明代京师人口达百万之多。据史料显示，明朝天顺年间，"仅宫内使用的果品物料动辄就得几百万斤"。成化初年，礼部尚书姚夔言："正统年间，鸡鹅羊豕岁费三四万。天顺以来增四倍，暴殄过多"。到明代武宗时代，"各宫日进、月进，数倍于天顺时"。百万城市居民最基本的需求是粮、菜、肉、蛋、果、鱼、花等，这些鲜活的农产品主要靠当地供给。清代城乡集

---

① 齐大芝主编. 北京商业史 [M]. 北京：人民出版社，2011

市日臻繁荣，其蔬菜、花卉、杂粮、肉蛋奶等鲜活农产品主要靠京畿供给；进入民国后，京城米庄有120多家，菜行"凡七十六家"，德胜门外马店33家，油店三十几家、"油酒店"四百多家，京畿辖属10个远郊县有商铺2 001家，有店员11 515人。新中国成立，市政府明令郊区农业要为城市服务，要成为服务城市的副食品生产基地；要"服务首都，富裕农民"（表5-7）。

表5-7　北京农业市场的演变

时期	市场演变
新石器	交换——以物易物
商周	出现以贝、蚌等为原始货币进行青铜制品——礼器、酒器、农具、农产品等的交易——原始商业
春秋战国	出现定期集市和"明刀"币，交易品有土产、黍、稷、稻、麻、枣、栗、铜器、铁器、陶器、珠玉、皮毛、工具、马匹、衣物等
秦汉	除了农产品交易外，有多种手工业品，如玉器、铜器、漆器、铁器、石砚等；有衣料——绢、丝、棉、绫等
魏晋南北朝	出现"胡市"，这里输出的主要是粮食、铁器及本地产手工业品等
隋唐	运河开通促进南北商业交易，幽州城区北面设立固定的"幽州市"。城内出现有白米、大米、炭、绢、肉、油等近30个商行，经营相关商品
辽金宋元	"城北有市，陆海百货，聚于其中""……锦绣组绮，精绝天下。膏腴蔬蓏、果实。稻粱之类，靡不毕出。而桑、柘、麻、麦、羊、豕雉、兔，不问可求"。金中都成为北方商业中心；到元代，大都成为北方最大的商业都会，出"百廛悬旌，万货别区"。出现几十处专营农产品的商品市场，诸如米市、菜市、马市、羊市、牛市、鹅鸭市、猪市、鱼市，等等
明清	明代打破了"前朝后市"格局，出现了京城："四方财货骈集""百货充溢，宝藏丰盈"。到万历十年有（宛、大二县）132个行业和批发市场。清代，京师出现"人民商贾，四方辐辏""畿辅盈宁""商贾云集"。明清出现交易中介"牙行"
民国	仍以粮食和副食品为主要交易品；但市场商品出现结构性的行业变迁：交易中介——牙行业盛行，当时领有牙贴之药行，凡七十六家，"所取行用，按照经营额的10%收取"。在民国之前，北京有五家鱼牙行
新中国	集市贸易、批发市场、城乡超市、各类专业门市、店铺等

资料来源：齐大芝. 北京商业史. 人民出版社，2011

　　由一个村落扩展成一个城镇，再发展为国之都会、北方军事重镇及中华国都，聚集的人口日益剧增，对农产品的需求也与日俱增，对城郊农业商业化发展无疑产生强大的拉动力，同时，对农民也产生日益显著的利润诱惑力。因此，从"燕"、"蓟"城成立起（公元前1045年）北京农业即已进入商业性生产与交易，随着城市的扩大、人口的扩增、地位的提升，京畿小农经济日益显现其商业化分化——由单纯种植粮食逐渐发展利润较高的蔬菜、果品、肉蛋奶，从辽金、元明清出现不断扩大的蔬菜、花卉、果品生产基地，出现了种菜、养花、植果的专业村，专业户；为了提供冬季蔬菜供给，从西汉起发展了温室栽培黄瓜、韭黄等。到明清时期还建冰窖利用自然冰来低温贮藏蔬菜、水果供应冬季市场。

进入近代，引进经济作物棉花及染料植物，建立棉花生产基地和棉纺织厂，进行商业生产和营销。这是北京传统农业进入商业化的新阶段。1949年之后的前40年，是计划经济体制下的商品生产，农民生产出的产品由国家统购包销；从20世纪80年代之后，农业逐渐进入以市场为导向的商品生产。1987年1月10—15日，市农村工作会议"决定今年郊区工作要坚持四项基本原则，深化改革、全面发展商品生产。并实行或鼓励，产加销一体化、贸工农一条龙式的产业经营"。而且政府还明确引导农民"以质量与效益为中心"来组织产品生产经营。这"质量与效益"都靠市场来检验。北京农业的市场化或商业化本质是社会化。在长期的小农经济时代既要自给自足又要服务社会。

第七节　北京农业的连锁经营

北京的农业经营经历了漫长的历史演进。

在采集渔猎及原始农业阶段，是单一的采集和渔猎及生产过程，所获产品由集体共享。到春秋时期出胡市，以家庭为单位的小生产者以自给自足为主，对剩余产品或为交换短缺产品或生产资料而出售产品。这几乎是整个封建社会的基本经营方式。因为，在这个历史过程中农业生产对于农民家庭来说主要是解决温饱。新中国成立后直到20世纪90年代解决温饱之前，农业也主要限于生产环节。在温饱解决后，农业便不再限于生产原料性的产品，而是迈入生产、加工、营销3个环节连成链的一体化过程，即现称的"农业产业化"。这3个环节历史上也存在，但是分离的，由不同的经营主体经营，生产者从事原产品生产或营销，加工者经营农产品加工，商者进行农产品和加工品的营销。进入20世纪90年中期后在国家倡导下农业开始走上产、加、销一条龙，贸、工、农一体化之路。据《北京市农村产业发展报告》（2010），到2009年，京郊镇村4 152家规模企业中，有农业企业42家，实现增加值2亿元。

其实农村的观光农业和农家餐饮业至少是产、销结合的产业链。2012年，全市观光农业园1 283个，创收26.9亿元，民俗旅游接待户8 367户，创收9.1亿元，这两种农业经营模式从20世纪80年代开始，不断发展，逐渐成为农业的新生增长点。2006—2012年观光农业总收入一直翘起上升：2006年10.5亿元，2007年13.1亿元，2008年13.26亿元，2009年15.2亿元，2010年17.28亿元，2011年21.7亿元，2012年26.9亿元；民俗游亦如此，2006年3.7亿元，2007年5.0亿元，2008年5.3亿元，2009年6.1亿元，2010年7.3亿元，2011年8.7亿元，2012年9.1亿元。

籽种农业也是产、加、销相结合的增值链。籽种生产在传统农业中一直存在，但不成一业。真正提出"籽种农业"并成一业的还是1997年北京市政府在发展"六种农业"中提出的。当时所提出的六种农业是籽种农业、精品农业、加工农业、设施农业，观光农业，创汇农业等。这六种农业涵盖了之后一定时期内郊区农业结构调整的主要内容。

籽种农业增值链比"产、加、销"增值链要多出一个环节—科研（育种），即"育种（科研）、产、加、销"。

到1999年，全市"六种农业"创造产值93亿元，占大农业总产值的34.5%。在当年遭受严重旱灾的情况下，农业增加值增幅提高2.5%，打破20世纪90年代以来徘徊不前的局面。

到2005年，市政府提出"发展都市型现代农业"时，籽种农业与观光农业、循环农业、科技农业又同被列入所倡导的"四种农业"。从2006年种业收入持续增长，2006年7.7亿元，2007年9.9亿元，2008年10.9亿元，2009年12.8亿元，2010年14.6亿元。2011年18.1亿元，2012年16.1亿元。

20世纪90年代人们悟出一个崭新的理念叫"无农不稳，无工不富，无商不活"，以此来推进农、工、商的协同发展，其成效十分显著。如今，我国人口13亿多，耕地逼近红线，仍保持衣食无忧进入"小康"；工业强国，成为世界第二大经济体；经济搞活，中国产品走出国门，融入世界。

农业的产、加、销一条龙连锁经营增值，发挥着农、工、商三大功能，使古老的农业走向新辉煌！

第八节　北京农业的经营模式

自古以来，北京农业的经营模式是随着社会经济制度的变迁而演进。

——在远古采集渔猎时期，原始人类是集群式外出采集和渔猎。因为依靠旧石器的生产力很低，集群力量相对较大，既可相互协作又可抵御猛兽袭击。但群体又不能太大，大了采集、渔猎很难满足共享。

——新石器时期，因发明了农业生产（包括养殖业），人们开始从事种植业和养殖业，有了固定的食物来源。同时，也还需要从事野外采集和渔猎，获取食物的补充。这时的人们已经开始定居，组成氏族公社，氏族内共同劳动、共享生产成果，形成一个氏族性的集体经营体。

——青铜器时期，人类进入奴隶社会，这时的国家实行"井田制"经营模式，其形式多样。但比较典型的是一井9户制，一井900亩，分成9个方格，每格百亩，方格间是沟洫用于排涝。一井8户奴隶，每户一份100亩地（其中，20亩宅地），井中心100亩属公田，由8户奴隶共同负责耕种收，而且必须在完成公田农务后才能从事自己的私田。

——铁器时期，人类进入封建社会，实行家庭经营模式。土地仍属公田，由国王赏赐分配，官、民获得后，变为私有，可自由买卖、赠与、继承，可以兼并。在以地主阶级为统治阶级的封建社会时期，农民只能获得小块土地，所谓"小农"就是小土地获得者。因其经营规模小，收入少，通称其"小农经济"。在小农中占有土地能维持自给自足的称"自耕农"，不能维持自给自足叫半自耕农，无地而租地种的叫佃农——也是家庭经营模式。小农经济是封建社会的经济基础。80%以上的农民创造80%以上的社会财富。

——进入社会主义社会时期，土地公有，但经营模式几经变化。土改时按照"耕者有其田"的方针，实行平均地权家庭经营（亦小农形态）；1953年初级合作社时是集体经营土地分红；之后走上高级合作社以及人民公社实行集体经营，按劳分配（取消土地分红）；在改革中人民公社解体后，土地公有私用，实行家庭联产承包责任制经营，进而发展为家庭承包自主经营模式。进入 21 世纪初，在家庭承包经营和土地确权的基础上国家倡导提高组织化程度——组织专业合作社，提高规模经营水平，获得规模效益。从 2014 年起，市政府又提出土地流转起来，资产经营起来，农民组织起来的"三起来"经营模式。这个模式的本质是在保障农民对土地长期使用权的基础上，通过土地使用权流转、资产经营和合作经营，以提高农业的规模效益。到 2014 年，京郊基本完成集体建设用地所有确权登记，确权登记率达到 97.5%；建立健全农村综合产权流转交易市场，推进农村集体产权改革，已完成 97%；农民专业合作社已达 6 450 家，注册会员 16.6 万名。

第九节　北京的农业教育

教育是一个国家和一个地区培养人才和提高劳动者科学文化素质的战略高地，受到各国和地区的重视。我国的农业劳动生产力与发达国家的最大差距就是在过去相当长的时间内劳动者的科学文化水平低。在整个封建社会以至近代社会时期，农民全靠经验种田，直至新中国成立后的 20 年间，"盘古开天辟地几千年，不懂科学也种田"的守旧思想还比较普遍存在。虽随着社会的发展，人们在生产实践中也不断"有所发明、有所创造、有所前进"，但十分缓慢。就北京来说，尽管早在公元前十四世纪前后的商代，就已出现利用陨铁制作出铁刃的铜钺，但真正的冶铁、制作铁器直到战国时代才开始。战国时北京地区出现了以牛为动力的犁耕，这种耕作技术中的犁虽不断有所改进，水平有所提高，但十分有限；到唐代的"唐犁"出现（由十个部件组成，其犁辕有一定的弯曲，配有犁铲、犁镜等，耕作起来深浅可调，拉起来比较省力），一直沿袭到公元 20 世纪 60 年代还是多数农民的主要耕作手段。

然而，与我国传统的经验农业相适应的"身传言教"和技术培训还是相当早的。有史料显示早在唐尧时期就举弃为农师专门从事农业技术传授工作。因其工作成效突出，尧封弃为后稷，并在咸阳城外修建"教稼台"供弃向公众教稼。到了夏代出现了甲骨文，它的记事与传播就成了古代文字传教的萌芽。到春秋时期孔子等诸子百家（其中，有农家）的出现，社会上纷纷创办起私塾、家塾和义塾教育，有钱人家请师家教，一般的上私塾，没钱人可上义塾。由于农民的贫困，能上学的有，但不普遍。到西汉武帝时期，搜粟都尉赵过创制出三脚播种耧和"代田法"。为了推广这两项技术，赵过创办我国历史上第一次技术培训班，向全国"二千石遣会、三老、力田及里父老、善田者受田器"，并传授新式农具及"代田法"的技术要领。崔寔在《政论》中就写道："武帝以赵过为搜粟都尉，教民耕殖"。赵过也不负众望，他深入勤恳地总结劳动人民的生产经验，写出了《赵氏》一书，开创了我国带着教材进行技术培训的先河。以后各朝代是否开办技术培训及北京地区除西汉时期参加全国性的培训外是否有自办培训未见确切的史料信息。但见有官方出面编写或征用农家撰写的农业（政）著作以"劝课农桑"的读本，其中，主要的有：夏商时期的《夏小正》，春秋战国时期的《吕氏春秋》，崔寔的《四民月令》，秦汉时期赵过的《赵氏》及《氾胜之书》，魏晋南北朝时期的《齐民要术》，唐朝时则天删定《兆人本业》三卷（"令所在州县，写本散配乡村"），宋朝时期的《陈旉农书》，元朝时期有官撰的《农桑辑要》和知名农家王祯的《农书》等，明朝时期显赫农书要数徐光启的《农政全书》，清朝时期的《知本提纲》等，其宗旨都在于普及农知和劝课农桑。

从 19 世纪后期起，在西方近代自然科学和农业科学知识传入影响下，中国才开始效法欧美，兴办农业教育以培养农业科技人才推进科学务农。首先创涉农教育的是两广总督张之洞，于 1886 年在广州创办了陆师学堂和水师学堂。1889 年在"水陆师学堂"中增设"植物学"（实际上是作物栽培学）。

1898 年清政府命令各省府、州、县将书院一律改为学堂，兼学中学和西学。自此以后，各级学堂陆续兴办起来。1898 年，清政府在北京创设京师大学堂，是当时全国最高学府。1905 年，在京师大学堂中设立农科，最初只设农学及农艺化学二门，这是我国最早的 3 年制农科大学。1913 年民国教育部公布了《大学规程》，规定农科大学分农学、农艺化学、林学和兽医学四门，京师大学堂农科大学也设定为四门。1914 年农科从由京师大学堂改名的北京大学中分离出来，独立为北京农业专门学校。1921 年，该校分为农、林二科，农科内设农业经济、农业化学、植产学、畜牧学四门；林科内设林政学、造林学、林产利用学三门。本科 4 年。1923 年，北京农业专门学校改为北京农业大学。

民国 19 年（1930 年），北平民生养蜂讲习所开展养蜂函授教育。

新中国成立后，国家在北京先后又创建了北京林学院、北京农业机械学院等。在改革开放中，北京农业大学与北京农业工程大学合并成立中国农业大学；北京林学院升格为北京林业大学。

北京市直至新中国成立后才先后建立北京农学院（前身为北京劳动大学），北京农业学校（后更名为北京农业职业学院）等；市、区（县）、乡还因地制宜建设一批不同规格的农民职业培训基地，作为向广大农民推广、传授农业新成果、新技术、新经验的交流平台。

在优越的社会主义制度下，广大农民都以国家主人翁的身份公平地获得九年制义务教育和竞考大学、中专深造的机会，高考录取已达

70%以上。广大农民子弟除了获得从小学、中学、大学等普通教育，还可获得各种形式的职业技术教育。解放初普遍创办起速成识字班，使不识字者扫除文盲；之后相继开办职业技术培训班、职业技术学校等。在面向农民方面，还创办了农民科技学校、农民田间学校、农民远程教育、农业广播电视学校等，以多途径、多形式办学，让农民便捷获取职业技术教育。如今北京的农民受教育年限已达 12 年。这是北京地区古往今来农民受教育学文化、长知识、懂技术、会经营历史性跨越。今日京郊农民已由历史上的劳动资源转化为劳动资本，已成为农业增长方式由粗放经营向集约经营的核心要素。

第十节　北京农业演进的亮点

一是劳动创造了人类自己。劳动创造了人的第一表征是打制旧石器，用带刃、带尖的石器来采集食物，用石球和带尖的石器来追捕野兽或禽类；用石器抗击猛兽袭击或伤害。在"北京人"的遗址中发现有大量的旧石器。其中，打制的两极石片在国内其他出土的石器中是罕见的。"北京人"及其后孙们在进化中首先开发了北京，使北京成为今天伟大祖国的首都，中华民族的希望和象征；北京远古居民的后代形成了黄帝族，共创了黄河文明使之成为中华民族的摇篮，成为悠久历史的第一章；距今 1 万年前的"东胡林人""转年人"劳动创新出新石器，并与火结合创造了刀耕火种的原始农业，开创了中国北方的农业文明；进而在演进中不断提升，跨入现代农业文明。

总之，"北京人"及"新洞人""山顶洞人""东胡林人"等为北京农业从无到有开创了七大源头，"北京人"的出现，揭开了北京地区人类历史的序幕，使北京成为历史上最早进入人类社会的地区之一；

开拓了"人类文明，东方源头"，开创了农业革命的"中国北方农业源头"，点燃了"人工用火技术创新重要源头之一"；创造了"复合工具（弓箭、长矛）的重要源头""驯养家畜的重要源头""新石器技术创新（切、钻、琢、磨）的重要源头""制陶技术创新的重要源头"等①。这些是"北京人"给我们留下的宝贵财富，是开创灿烂的北京农业文化与文明的根！

二是劳动者的素质由蒙昧、野蛮、文盲到文明、智慧，如今的人均受教育年限达到 12 年（指农民），成为有文化、懂技术、会经营的新型职业农民。

三是生产力在不断创新中发展与提升，历经了由打制旧石器，磨制新石器、发明青铜器、开创铁器和牛耕、研制机器和探索科学技术，并转化为现实生产力，使农业生产力在自主创新的道路上不断攀升。

1949 年 4 月 11 日，北京成立"华北第一个机械化农具厂——华北农业机械总厂"；1951 年，建立新农具推广站推广运用 7 吋步犁、马拉播种机、解放式水车和手摇喷雾器；1955 年 1 月，北京农业机械厂生产的马拉摇臂收割机、双轮双铧犁等 4 种农具，先后在莱比锡国际博览会和巴基斯坦国际工业展览会展出；1955 年 4 月 15 日，北京农业机械厂生产出我国第一台牵引式谷物联合收割机；1955 年 11 月 9 日，国务院批准下达北京市发展国民经济的第一个 5 年计划，内含有新建国营机械农场 2 个，农业机器拖拉机站一个。到 20 世纪 90 年代基本实现机械化，21 世纪初进入信息化。

四是经济组织不断创新。由初时的集群游荡到聚落定居进入原始

---

① 王东等．北京魅力［M］．北京大学出版社，2008

公社，由集体创业（农业）共享劳动成果到奴隶制社会在"井田制"框囿下为奴隶主服务，再到封建社会公田私有，出现家庭为单位的自耕农、半自耕农，统称小农（小土地占有者）经济。在竞争、兼并中失地的农民有的租地种，被称为佃农，既无地又无生产工具的农民就给地主当雇工，被称雇农。进入社会主义社会后，第一步是农民耕者有其田；第二步是组成初级社，农民在社参加劳动拿工分，土地可以分红；第三步是进入高级社和人民公社，实行出勤评工记分，按劳分配，土地不分红。1978年之后，在改革中人民公社解体，先是实行家庭联产承包责任制，之后改为家庭承包经营——农民以市场为导向自主经营，到目前土地确权后可以有偿流转，促进发展土地规模经营。这样做：一是促进富余农业劳动力向非农业产业转移；二是提高农民的组织化水平——发展专业合作社或规模化农场等。

五是产业结构由采集渔猎野生动植物，转为种养动植物以及家庭手工业，形成小而全的小农经济结构，再转为拥有集体资产的大生产，经营形式多样，产业结构可以延伸至产、加、销一条龙，贸工农一体化，既可种养结合，也可多种经营。就其目标而言，原始农业就是自食其力，小农经济主要是自给自足，集体经济是"服务首都，富裕农民"。

六是经济形态由依存于自然经济演化为食物生产经济及"井田制"经济；进而进入自给自足的小农经济；再跨入"服务首都，富裕农民"的集体经济。

七是经济性质由自给性自然经济萌生与演化为自给与商业性兼顾经济及兼营准商品经济，直至社会主义市场经济。

八是社会义务由集群采猎集体自食到集体生产，氏族共享，再到首务公田、再务私田，继而进入自给自足直至当今服务首都。

九是经营方式由野蛮掠夺到粗放经营，进而进入精耕细作和当今的集约经营，可持续发展。

十是技术来源由生产经验进入科学实验，由经验出技术演化为科学转化为技术。技术传播由口传身授到科技推广，转化为"第一生产力"。

第六章　北京的农业文化

第一节　北京农业的文化资源

一、石器文化

1. 旧石器时期的采集渔猎文化

房山区周口店镇境内的龙骨山下"北京人"遗址内出土 10 万多件旧石器和大量古生物化石。据考证，距今 50 万~70 万年。另据专家分析这里的旧石器与其他地区出土的旧石器有鲜明的特点，这就是有带尖的尖状器，有刃的砍伐器，还有刃部锋利的刮削器和两端带刃的石器。表明"北京人"打制石器的技术是有所创新的（表 6-1）。

表 6-1　北京地区旧石器文化遗址

时期	遗址名称	距今年代
初期	周口店"北京人"	50 万~70 万
中期	周口店"新洞人"	20 万
晚期	周口店"山顶洞人"	1.8 万 ~ 2.5 万
晚期	王府井"王府井人"	2.5 万

在"北京人"遗址中沉积有渔猎的动物上百种化石，有采集食余

的禾本科、豆科及果树果实的遗迹等，为后人研究"北京人"生活状况提供了实物依据。

在"北京人"遗址中还发现堆积有数米厚的燃烧灰烬，证明在距今46万年前这里的人们已在用火；还发现与人共居的野猪、野狗。

距今1.8万~2.5万年的"山顶洞人"遗址中发现，有用鹿角制成的复合工具"长矛"。这也是旧石器时代的罕见之物。

2. 新石器文化（或曰原始农业）

门头沟区斋堂镇"东胡林人"遗址，位于永定河支流清水河北岸二级阶地上。北京大学于1966年发掘问世，并相继于2003年、2005年进行挖掘，共出土5具遗体和遗骨，及新石器，经测定距今1万多年。2001年做了孢子粉分析，北京大学王东等认定这里是原始农业的最初起源，"是中国北方农业的源头之一"，属于同期的还有怀柔区"转年人"遗址。它居燕山南麓，宝山寺乡转年村西白河岸二级阶地上，距今1万年以上，面积5 000平方米，遗址出土物18 000件。

这2个新石器遗址的共同特点是：发生早（1万年前）；遗迹中与农业起源直接相关的草木科—禾本科—藜科花粉比重显著增加；先后都发现石器工具及石磨盘、石磨棒；猪、狗遗迹都具有明显的家畜特征；作为农业伴生的陶器已作为日常生活器皿出现，被称之为"万年陶"，在国内他处实属罕见。

上宅遗址（距今6 500~7 000年），已建成上宅展览馆，地处平谷区韩庄乡上宅村，出土新石器2 000多件，种类繁多；可复原的陶器800余件。

到1996年年底，北京地区已出现旧石器时代遗址37处。这表明，北京猿人的后代，除了走出去的以外，都在北京地区这块土地上劳动、创造、繁衍、生息……引起许多古人类考古学家的关注。

已发现的新石器时代遗址：早期遗址有东胡林、转年；中期有上宅、北埝头（平谷）；燕落寨（密云）、昌平区林场、雪山一期、马坊；房山镇江营等。晚期有昌平雪山二期、三期、邓庄、曹碾、燕丹；平谷刘家河、大东宫；密云坑子池；海淀清河镇、白家町、中关村、西山、田村；房山丁家洼、前吉山；朝阳立水桥；怀柔汤河口、喇叭沟门等41处。

二、黄帝庙传说

这里是黄帝"邑于涿鹿"的"艺五种（五谷），扶万民，度四方"的活动中心。

平谷区山东庄镇渔子山有轩辕（即黄帝）庙。旧庙有大殿3间，在日本侵华期间炸毁。近些年来重视文化和发展旅游，村里人又重新把轩辕庙给修起来，且比当年规模扩大1倍多。此庙是不是黄帝陵墓，学界有争、民间有疑，多倾向于陕西桥山黄陵，而渔子山轩辕庙可能是黄帝的"衣冠冢"。说法有二：一种说法以清代朱彝尊为代表，认为既然黄帝建都城在涿鹿，距离不远，葬在这里也有道理；另一种说法是黄帝的衣冠冢可能有多处。当年汉武帝巡视北方祭祀黄帝后问：听说黄帝不死，为什么会有陵墓呢？公孙卿回答说："黄帝已仙上天，群臣思慕，葬其衣冠"。后来于敏中在所著《日下旧闻考》中，认为黄帝葬于桥山是实，只不过桥山有多处，而且历史上有多个皇帝在不同地方祭祀过黄帝。他认为还是要以《大清会典》为据，祭轩辕陵，"本朝仍旧制在今陕西鄜州之中部县境，"但"蓟"曾是黄帝"邑于涿鹿"的活动中心。北京大学王东、王放先生在《北京魅力》中写道："直至3 000年前，武王分封的西周时代，黄帝部落最初立国的主要中心区域在'蓟'——北京"。

尽管说渔子山轩辕庙是黄帝陵无充足依据，但渔子山的传说也非子虚乌有，空穴来风。古往今来，人们还是借庙敬仰黄帝的。唐代诗人陈子昂曾以《轩辕台》为题咏道："北登蓟丘望，求古轩辕台，应龙已不见，牧马空黄埃；尚想广成子，遗迹白云隈"。宋代名将文天祥在《过涿鹿》一诗中咏道："迩来三百年，王气钟幽州"。民国时期国民党元老、书法家程潜于1938年给黄陵题词道："人文初祖"，并成匾额。

"人文初祖"是指黄帝是中华民族物质文明、制度文明和精神文明的开创者，他开创了中华民族灿烂文明的先河，在铸造中华文明的历史上起了奠基作用（赵馥洁语）。古史相传，从黄帝伊始，人类才有了衣裳、房屋、车船、耕作和蒸谷为饭，采药为医，创字美文等。这些不仅说黄帝是中华民族的祖先，也是中华文明及生活方式的缔造者。传说虽是半虚半实，却集中反映了人类生存历程，表明了我们祖先与生命同在，文化与生活共存的原始意识。民国时期的于右任先生1918年在谒黄帝陵时吟诗道："独创文明开草昧，高悬明月识天颜"。鲁迅先生在《自题小像》中写道："我以我血荐轩辕"。

史载黄帝时代的许多文明创造成就，虽然既不能毕其功于一个时代，也不能归其功于黄帝一人，但称黄帝为"人文初祖"却表达了中华民族对文明创造的赞美，对文明创造者的崇敬，对文明创造精神的崇尚。黄帝既奠定了中华文明的基础，又培育了中华民族崇尚文明的人文精神。对黄帝的缅怀，就是要弘扬人文初祖的理念，感悟中华民族初创时期珍视生命与重视生活的主题，挖掘建设中华民族精神家园的深沉资源。

三、青铜文化

夏商时代青铜文化北京地区有4个遗址群：房山镇江营遗址群，房山琉璃河遗址群，昌平雪山遗址群，平谷刘家河遗址群。

其中最典型的是刘家河遗址群，这里出土了三羊罍、鸟柱鱼纹盘、羊首弯刀（商代）、双兽带铃钺（商代晚期）、铁刃铜钺——是目前我国发现最早铁器（陨铁）等，都具有地方特色。琉璃河遗址群出土有伯矩鬲（被称为西周青铜器第一精品），堇鼎，其刻有铭文，标定该址是燕国都城始封地。

四、雪山文化

雪山遗址是古代 3 种文化的融合遗址。昌平雪山村 1961 年出土的雪山遗址有 3 个不同文化层，分为一期、二期、三期。

雪山一期文化相当于中原地区的仰韶文化，约距今 6 000 多年。这时的雪山人已掌握了制陶技术，陶器以红陶为主，这种文化与中原的仰韶文化、东北的红山文化有相似之处，说明南北两地对当时北京地区都发生影响。

雪山二期文化约距今 4 000 多年，相当于中原地区的龙山文化，已属于原始社会末期，这时的制陶以黑陶为主。

雪山三期文化即夏家店文化，其时代相当于夏商时期，发现有细石器和兽骨，可能是西北传来的游牧文化遗迹。

就总体看，雪山文化至少有两种内涵：一是制陶技术集结地；二是就农业文化而言是中原、东北、西北农业文化与畜牧文化的集结地。由此形成古今农业文化、文明的多元化，彰显"北京人"及其子孙们厚德、包容精神。

五、铁器文化

恩格斯说："铁使更大面积的农田耕作，开垦广阔的森林地区成为可能"。在平谷区刘家河"夏家店下层文化"墓葬中除发现大量青铜器外，还发现一件铁刃铜钺，刃部锈蚀，残长8.4厘米，阑宽5厘米，直内，内上有一个穿孔，孔径1厘米，刃部之铁为陨铁铸制而成。

这种铁刃铜钺是稀有的古代遗物，在考古发掘中极为少见；至今全国只发现了3~4件。铁刃铜钺的发现，说明早在3 000多年前，北京地区的古代人们对铁的性质和用途即有了初步的认识与实践，放射出北京地区开发应用铁器的曙光。

根据目前考古发掘的情况看，铁器的大量出现是在战国时期（见《北京通史》卷一，P92）。经考古发掘，燕国境内发现铁器的地点共有41处（李晓东《战国时期燕国铁器略说》）。而最著名的是当时以蓟城为中心的燕国地区，有燕下都（现今的河北易县）、兴隆（河北）2个冶铁业和制作铁器业比较发达的重要基地，兴隆与北京毗邻，这里出土的铁器的种类比较齐全。

北京清河镇朱房村古城遗址城内发掘出西汉时冶铁遗迹，并采到铁器40余件，包括耧足、锄、钁、铲等铁器农具，且均为铸件。其中，铁铲呈凹形，经过柔化处理，具有可锻性和一定韧性。显示出西汉时蓟城地区冶铁技术已具有较高水平。耧足的出现表明西汉时蓟地耧具已成为播种工具，还出现铁犁铧等。

铁器的创制与应用及牛耕，带动原始农业跃入以经验技术为标志的传统农业。其中最值得关注的是商代铁刃铜钺，它表明北京人对铁的认识及在农业上的应用远早于一般地区。

六、贡品文化

在古代能做贡品的农产品一般都是当地的名特优质产品。古代上至皇宫、下至方国王室都爱受下官（地方官）、帮国赠献贡品。下官或邦国也乐于以进贡讨得上方欢欣。最早的记载是古晏（燕）国向商王朝以白马作贡物。曹子西主编《北京通史》（卷一，P33）中记载有："晏国地区产白马，并以白马作为向商王朝交纳的贡物"。当时晏国是北方臣属于商的一个小国。

《汉书·东夷传》云："夫余国（燕）出名马森玉"。《新唐书·北狄列传》中载有"君长乃遣使者上名马、丰貂"。

曹子西《北京通史》卷二：记载有"唐代，幽州仍生长有大量枣、栗树、特别是幽州产的栗，闻名天下，每年作为土贡送往京师"。

关于史上京畿农业贡品各县区志中多有涉及，仅媒体（报纸、杂志）披露的已50~60种之多（请见第六章第四节"北京的农业贡品及特色产品"）。据古人评价和现人品评，凡贡品都是同类产品中的佼佼者，融容人类智慧或创意相对较多的物化产品，蕴含着较高的人文内涵。人们品味贡品时会更感悟文化品位而获得精神上的愉悦。清乾隆皇帝获得麻核桃把玩后便饶有兴趣地吟诗道："掌上旋明月，时光欲倒流。周身气血涌，何年是白头？"。明代万历皇帝在品尝大兴县庞各庄镇梨花村的金把黄鸭梨后，便与当地秀才对联，他出上联：北庄萝卜心里美；秀才对下联：南村鸭梨金把黄（注：当时心里美萝卜是北庄敬皇上的贡品）。房山区大石窝村产玉塘米，清乾隆皇帝品后亲赐名为"御塘米"。可见，贡品文化底蕴深沉，品味无限。

七、农耕文化

北京农耕文化有以下几个特点。

一是历史悠久，积淀深沉。本市农耕文化已有1万多年的历史。历经4个系统而完整的采猎业、原始农业、传统农业和现代农业发展阶段，并且都留有相应的历史印记，既有一般农耕共性，亦有独到之处。

二是北京农耕文化居于与人类起源的东非大峡谷即奥杜威峡谷并称为"东方大峡谷"的"京西大峡谷"之腹地。在国内已发现的遗址中罕见 1 万年前的农业遗迹。因此，被考古界称为"中国北方农业的源头"。

三是农耕文化内涵丰富。囊括有农林牧副渔五业丰登，马牛羊鸡犬豕六畜兴旺；还有产、加、销结合以应对 3 000 多年的都市需要，且供品丰富多彩。

四是科技创新支撑发展。从已发掘出土的生产工具看，促成本地区原始农业、井田农业、传统农业之间转型发展的新石器、青铜器和铁器都是本地原创。支撑古今农业发展的十大拐点技术也都是出自本地区。

五是农耕文化城市味浓。北京从原始的村落发展成为今日的国际化大都市，历经 3 060 多年，城市在成长中地位不断提升、非农业人口不断扩大，在交通不便的古代，城市对农业产品的需求主体靠京畿农耕与养殖。再就是漫长的封建社会，国家财政来源 80% 以上靠农业。常之以往，小农也逐渐意识到按照城市喜好生产一部产品销往城市。如从春秋时期即开始引种蔬菜、从西周开始种植"细粮"水稻、从西汉开始采用温室（暖洞子）种植王瓜、韭黄保证冬天上市。至东汉开始种小麦；从五代开始引种西瓜；从金代开始养殖金鱼供市观赏；从明清开始出现和发展果蔬基地化生产和种菜、种花专业户、专业村。甚至出现捕捉与营销鸣虫业（蝈蝈、蛐蛐）等充溢着城市文化气息的农业产品。

六是独特农耕景观。山区为抗旱蓄水保墒防止水土流失，采用梯田、沟圳田耕作种植法；平原低洼地采用垄耕法或区种法；水源充足地方开辟水田种稻，建立水乡泽地；浅水池塘种植莲藕等水生蔬菜；

沟圩、路旁及山坡植树造林；河道放鱼鸦捕鱼或撒网捕鱼。总之，京畿农耕是因地制宜，景观四起，不同的景观蕴含着不同文化韵味。

七是农耕文化的民俗化。翻开郊区县的志书，每个区县志中都列有本地区的农耕谚语。有的还有民歌、民谣等，读起来朗朗顺口，成为农耕文化表达与传播的一种形式。

八、涉农诗词集萃

屈原："春兰兮秋菊，长无绝兮终古"。

唐·白居易《赞樱桃》："有木名樱桃，得地早滋茂……莹惑晶华赤，醍醐先味真，双珠未穿空，似火不烧人。"时年北京西郊的香山有樱桃沟，其间植有毛樱桃，个儿虽小，但在特定的环境下成长，其品质好，曾为宫中贡品。其形、其性莫过于本诗所写。

古时房山张坊地区民谣咏磨盘柿："昨夜卧听西风过，晨看黄叶满村落，莫道秋来风景暗，岭上柿子红胜火"。

唐·陈子昂《登幽州台歌》："前不见古人，后不见来者。念天地之悠悠，独怆然而涕下。"《轩辕台》："北登蓟丘望，求古轩辕台。应龙已不见，牧马空黄埃。尚想广成子，遗迹白云隈"。

唐·王之涣《九日送别》："蓟庭萧瑟故人稀，何处登高且送归。今日暂同芳菊酒，明朝应作断蓬飞"。

唐·孟浩然《同张将军蓟门观灯》："异俗非乡俗，新年改故年。蓟门看火树，疑是烛龙燃"。

唐·杜甫《渔阳》："渔阳突骑犹精锐，赫赫雍王都节制。猛将飘然恐后时，本朝不入非高计。禄山北筑雄武城，旧防败走归其营。系书请问燕耆旧，今日何须十万兵"。

唐·张籍《渔阳将》："塞深沙草白，都护领燕兵。放火烧奚帐，分旗筑汉城。下营看岭势，寻雪觉人行。更向桑干北，擒生问碛名"。

唐·张说《幽州新岁作》："去岁荆南梅似雪，今春蓟北雪如梅。共知人事何常定，且喜年华往复来。边镇戍歌连夜动，京城燎火彻明开。遥遥西向长安日，愿上南山寿一杯"。

唐·高适咏居庸关路险关雄："绝坂冰连下，群峰雪共高"。

唐·李绅《悯农》："春种一粒粟，秋收万颗子。四海无闲田，农夫犹饿死"。

宋·苏轼《惠崇春江晓景》："竹外桃花三两枝，春江水暖鸭先知。蒌蒿满地芦芽短，正是河豚欲上时。"《题燕山》："燕山如长蛇，千里限夷汉。首衔西山麓，尾挂东海岸"。

宋·陆游《夜食炒栗有感》："齿根浮动叹吾衰，山栗炮燔疗夜饥。唤起少年京辇梦，和宁门外早朝时"。

宋·范成大《良乡》："新寒冻指似排签，村酒虽酸未可嫌。紫烂山梨红皱枣，总输易栗十分甜。"《西瓜园》："碧蔓凌霜卧软沙，年年处处食西瓜。形模濩落淡如水，未可葡萄苜蓿夸。"《卢沟》："草草舆梁枕水坻，匆匆小驻濯涟漪。河边服匿多生口，长记辒车放雁时"。

宋·杨万里《颂海棠》："天开锦幄三千丈，日透红妆八万重。风搅玉皇红世界，日烘青帝紫衣裳"。

宋·朱淑真《菩萨蛮·木樨》："也无梅柳新标格，也无桃李妖娆色。一味恼人香，群花争敢当。情知天上种，飘落深岩洞。不管月宫寒，将枝比并看"。

元·方夔《食西瓜》："缕缕花衫沾唾碧，痕痕丹血掐肤红。香浮笑语牙生水，凉入衣襟骨有风"。

元·卢旦《卢沟桥》："古道旷秋色，平桥卧夕阳。水声西下急，山气北来长。数骑凌空阔，孤烟入渺茫。人传耕种地，宿昔战争场"。

元·马志远《天净沙·秋思》："枯藤老树昏鸦，小桥流水人家，古道西风瘦马，夕阳西下，断肠人在天涯。"诗人家住门头沟区韭园村，山水意境胜浓，又地处山间，独特的自然环境与旧时代的困境勾起了诗人遐想联翩。

元·尹志平《咏西山》："西山深处道人家，养道修真何处加。九夏高眠无暑气，三秋结实有新瓜。乱山坡下宜禾黍，浑水河边长桑麻。四季平和人事少，三餐终日是生涯"。

明·蒋一葵《琉璃河》："万叠燕山万叠泉，飞流千里挂长川。琉璃桥上看明月，直踏银河到九天"。

明·王直《西湖诗》："玉泉东汇浸平沙，八月芙蓉尚有花……堤下连云杭稻熟，江南风物未宜夸"。

明朝总督阎鸣泰《石匣》："万山盘薄拥神京，谁掷琅玕镇北平。天险孕苞原有意，地灵呵护岂无名。来径禹凿元工秘，不逐秦鞭宝气横。奇胜莫言多幻化，长将玉垒壮金城"。

明·黄钟《玉皇庙赏芍药诗》："寄迹荒山叹数奇，多情深感蝶相知。风流自脱尘凡气，赋予谁云造化私。近待声华雄往日，谁扬金紫擅当时。村翁只作闲花看，翻使佳人笑满颐"。

明·赵和《上关积雪》："大雪满边城，睥睨疑玉垒。云间叠翠迷，天外银屏倚。寒生击柝楼，冰立悬崖水。马滑阻遐晞，恐遇韩湘子"。

明·吴扩《过弹琴峡》："悬崖峭壁蹬千盘，峡里天光一线看。绕涧琴声听不尽，分明流水曲中弹"。

明·唐顺之《古北口》："诸城皆在山之坳，此城冠山如鸟巢。到此令人思猛士，天高万里鸣弓弰"。

吕植《良乡》："出都南望路茫茫，古色犹存汉广阳。遗老尚能谈旧事，嘉名今已易良乡。东奔涛浪桑干水，西拥云山古大房。宝塔玲珑临佛殿，仙庄隐约见宫墙。浪如涌雪盐沟浅，桥似飞虹圣水长。秋入燕山丹桂馥，风生梁沿白莲香。新寒下马沽村酒，前路闻鸡踏晓霜"。

明·章士雅《黄花镇》："天险曾开百二关，黄花古镇暮云间。平沙不尽胡儿种，绝徼时闻汉使还。万骑烟尘驱大漠，一宵风雪守天山。将军莫信封侯易，百战归来鬓已斑。""万里黄云百二关，九陵烟树接群山，王庭远徙胡烽净，征马萧萧白日间"。

明·叶胜《题红螺寺》："仰止红螺秀色明，千姿万态画难成。峰峦隐见云初合，草木葱茏雨乍晴。峙若藩垣环帝阙，森如剑戟拥山城。怀宁自古多豪杰，信是钟灵产秀英"。

明·王士祯《小憩高粱桥》："昔日高粱道，绮罗桥上春。依然挑菜渚，不见采兰人。新水生鱼缲，轻丝漾曲尘。不妨成漫兴，青草正如茵"。

明·陆深《张家湾棹歌》："张湾水出北山头，十里洪身九里洲。惟有老渔知进退，深滩撒网浅滩揪"。

明·林宗《咏花椒》："欣欣笑口向西风，喷出玄珠颗颗同。采处倒含秋露白，晒时娇映夕阳红。调浆美著骚经上，涂壁香凝汉殿中。鼎铼也应加此味，莫教姜桂独成功"。

金·章宗《游樱桃沟》："金色界中兜率景，碧莲花里梵王宫。鹤惊清露三更月，虎啸疏林万壑风"。

金·赵秉文《栗》："渔阳上谷晚风寒，秋入霜林栗玉乾。未折棕榈封万壳，乍分混沌出双丸。宾朋宴罢煨秋熟，儿女灯前爆夜阑。千树侯封等尘土，且随园芋劝加餐"。

金·樊彬《斋堂画眉石》："斋堂游眺好，山色翠微奇。碑石如螺黛，宫娥巧画眉"。

清·乾隆面对"卢沟晓月"的妙境吟诗云："河桥残月晓苍苍，照见卢沟野水黄。树入平郊分淡霭，天空断岸隐微光。河声流月漏声残，咫尺西山雾里看。远树依稀云影淡，疏星寥落曙光寒"。

清·王绂在黎明时过卢沟桥即兴诗云（在丰台）："扈跸重来促晓装，鸡声残月树苍苍。数峰云影横空阔，一带波光入渺茫。人语悄传孤戍火，马蹄寒踏满桥霜。望中风景俱堪思，况复楼台是帝乡"。

清·乾隆咏昆明湖诗（在海淀）："何处燕山最畅情，无双风月属昆明。侵肌水色夏无暑，快意天容雨正晴。倒影山当波底见，分流稻接埝边生。披襟清永饶真乐，不藉仙踪问石鲸"。

清·乾隆《琼岛春阴》（北海）："艮岳移来石岌峨，千秋遗迹感怀多。倚岩松翠龙鳞蔚，入牖篁新凤尾娑。乐志讵因逢胜赏，悦心端为得嘉禾。当春最是耕犁急，每较阴晴发浩歌"。

清·载滢归田园（于王府内）诗（在海淀）："辟地不盈亩，荷锄理荒秽。偏荆设藩篱，葵藿随时艺。开垄复通渠，井华资灌溉。取足供盘餐，山蔬有佳味。耕种适闲情，且可观生意"。

清·乾隆《蓟门烟树》（西城）："十里轻杨烟霭浮，蓟门指点认荒丘。青帘贳酒于何少，黄土填人即渐稠。牵客未能留远别，听鹂谁解作清游，梵钟欲醒红尘梦，断续常飘云外楼"。

清·王永川《玉渡山赋》（玉渡山在延庆区张山营镇内）："峰依地势兮与天争高，水旁山隈兮隔岸相邀。春景如画兮造物来捕，秋色如丹兮姿态妖娆。岚浮列岫兮如裹绫绡，雪覆众兮宛若玉雕"。

清·乾隆《团河行宫八景诗》：

《璇源堂》："河源何事更称璇？玉润由来溯本然。洁治书堂俯嘉德，标其生亦在方圆"。

《镜虹亭》：以照言波则曰镜，喻形映日又称虹。似兹假借诚繁矣，水本无知付以空。

《涵道斋》：斋额奚因涵道称？绎思水德在清澄。内存心及外临事，舍二又将何所能？

《狎鸥舫》：室如舫而原非舫，取适名之曰狎鸥。我岂诗人卢杜类，箕畴惟是慎先忧。

《归云岫》：假山既可称云岫，何必真云不可归？设果为霖自肤寸，继沾诚足泽农襏。

《漪鉴轩》：水裔之轩漪鉴名，偶临遂与绎思情。漪常喻动鉴取镜，要在不波乃得平。

《珠源寺》：团河本是凤河源，疏瀹南流清助浑。必有司之惠万物，瓣香嘉澍吁垂恩。

《清怀堂》：堂临碧沼额清怀，白芷绿蒲景已佳。怀在胸中清在境，其间宾主认毋乖。

清·李恒良咏潭柘寺镇山柘树："犹有镇山枯柘木，山僧不惜弃空郎"。

清·乾隆《古柘行》："五针为松三为柘，名虽稍异皆其齐。牙嵯数株依睥睨，树古不识何人栽"。

清·乾隆踏青潭柘寺配王树下吟诗道："禅茶品茗沁心田，呵气如兰妙不言。欲尝百年白果味，配王金秋银杏鲜"。

田树藩在《西山名胜记》中对戒台寺自在松云："松名自在任欹斜，随意生来最足夸。世态炎凉浑不管，逍遥自在乐天崖"。

清·乾隆《龙王堂》对八大处的龙泉旗柏诗："古庙山坳里，披榛磴道赊，树生刹竿石，鸟啄净橱沙"。

清·乾隆《水碓一首》："游复溪流绕村曲，村人引水舂新谷。何必机心鄙桔槔，且喜西成中上熟。比栉长茎硕穗垂，场中仍有滞与遗。

秋社饮馀免饥色，邻里鸡犬还兹肥。道旁所见诚慰喜，改慰愁添转难已。今年畿辅潦者多，未必村村皆似此"。

清·乾隆《拒马河》："春冰才解不淙淙，雨过遥源玉积峰。一谷寒风送征辔，得毋举趾迟三农"。

清·乾隆《官柳》："官柳丝丝翠影笼，两三叶乍落西风。自从始种今乔木，十五年光想像中"。

清·乾隆《瓶菊二首》："霜标冀北独秀，韵挹篱东致佳。携得重阳景色，绝胜客岁情怀。""潇洒诗情画意，芳菲秋术霜初。花雨不霏绳榻，香风常递帷车"。

清·乾隆游花乡后留下诗句："冬雪春霖今岁好，姹紫嫣红看夹道"。

清·乾隆《汤泉荷花诗》："霞翦衣裳恰五铢，清和春色满仙壶。温泉浴罢娇无力，扶起身边有念奴"。

清·乾隆《平谷道中作》："背指冈峦谷就平，烟郊霭霭畅新晴。村民知我重农意，叱犊扶犁不辍耕。春日迟迟喜载阳，脱轻毳欲换锦裳，六朝来往于何异？麦陇绿深苗且长。老幼扶携出县城，相亲到处爱民情。图其安乐无多巧，简政还教官吏清"。

清·康熙《古北口》："断山逾古北，石壁开峻远。形胜固难凭，在德不在险"。

清·康熙《古北口》《晓发古北口望雾灵山》："流吹凌晨发，长旒出塞分。远峰犹见月，古木半笼云。地迥疏人迹，山回簇马群。观风当夏景，涧草自含薰"。

清·乾隆《鸡卵诗》："无鸡卵不生，无卵鸡不成。循环谁为始？倩彼鸡卵评"。

清·乾隆《饲鱼诗》："临流坐石矶，忘机鱼不避。投饵试饲之，引类纷然至。却知非钓竿，在藻心无忌。清涟漾镜光，一一堪数计。因之识鱼乐，长歌发幽思。遐想天地间，人物理不二。有心鸥乃去，去实人所致。吁嗟庸众流，劳劳为名利。有时丧其良，反不如鱼智。若令贪钓钩，早作盘中味"。

清·乾隆《观鱼诗》："曲池风縠静，绿水镜光平。在藻悠然逝，依蒲自在行。网罟从未入，鳞鬛不须惊。依槛知鱼乐，微吟验物情"。

清·乾隆《榆饼诗》："新榆小于钱，为饼脆且甘。导官羞时物，佐膳六珍参。偶啗（也作"啖"）有所思，所思在闾阎。鸠形鹄面人，此味犹难兼。草根与树皮，辣舌充饥谙。幸不问肉糜，玉食能无惭"。

清·乾隆《紫白丁香诗》："同是春园百结芳，紫丁香逊白丁香。山人衣好僧衣俗，郑谷清词趣独长"。

清·康熙《石盆峪·龙潭》："谷转盘千骑，潭深静一泓。鱼迎斜照出，禽杂野风鸣。扪石苔偏滑，分流水益清。悠然惬心赏，归路月华生"。

清·乾隆《要亭行宫晚坐诗》："一川景物斗斜阳，极目拈题兴渺茫。平野风寒吹稻黍，远山日暮下牛羊。笳声几处梅花落，月色谁家愁思长？更剪银檠披奏牍，忧勤哪得暂时忘"。

清·乾隆《丫髻山诗》："鸣梢兰磴回，点笔倚窗虚。秀野春云合，丹椒晚景舒。水如银匜匜，山是紫芙蕖。柳态笼烟际，桃姿过雨时。暂来欣揽结，欲去更踟蹰。绿字前秋泳，还如昨日书"。

清·乾隆《菜花一首》："绿水弯环似水乡，连塍亦见菜花黄。却欣间左勤沟洫，迟辔聊看审不妨"。

清·乾隆《长沟三首》："风吹陌柳雪余坡，迤逦长沟策骑过。应识年来增户口，草团飘较向时多。野水弯环抱郭院，治国无复牧羊中。长官宜读郭驼传，不扰其余任自谋。毳服春朝尚峭寒，房山遥在白云端。高低土脉皆含润，历览吾心略为宽"。

清·乾隆《戏咏唐花诗》："燃煴嫋嫋万芳新，巧夺天工火迫春。设使言行信臣传，怜他失业卖花人"。

清·乾隆《晚荷曲》："金风披拂太液池，池中芰荷疑先知。残芳亚波纷错落，余香犹逐双凫飞。双凫飞下平湖净，翱翔似恋明妆靓。翠盖饶擎露颗多，红葩却让霞光映。我来池上弄秋水，南华妙意差堪拟。何必对景惜韶老，山华陆叶俱如此"。

清·乾隆《夹竹桃诗》："竹比丰标桃比芳，因风只少透帷香。河阳县里元都观，仿佛刘郎会阮郎"。

清·乾隆《栀子花诗》："暑雨初晴处，薰风细度时。麝兰输馥郁，冰玉想丰姿。影向疏间好，香因静里知。依稀搽破蕾，压雪一枝枝"。

清·乾隆《紫藤诗》："紫藤花发浅复深，满院清和一树荫。尽饶袅袅娜嬛态，安识堂堂松柏心"！

清·乾隆《早桂诗》："玉华古名寺，育桂特标奇。乳窦淙细泉，蟠根於以滋。偶来云外赏，乍睹月中姿。茏葱密叶间，开此三两枝。垂粟尚未丹，含韵偏葳蕤。山风过寺墙，冷芬殊可披。不辨六月杪，恰如仲秋时。地灵夺天工，神妙乃若斯。指似江南人。为我别然疑"。

清·乾隆《晚香玉诗》："西域传来贵似金，繁滋簇簇满墙阴。晚纫骚客幽兰佩，闻掠佳人白玉簪。名状标题应人疏，画图省识尚沈吟。寻常悟得香中谛，是卉皆成薝卜林"。

清·乾隆《金钱花诗》："可校还胜都内。买笑应过沈郎。设遇清谈夷甫，许教阿堵绕床"。

清·康熙《千叶莲诗》："禁苑初秋玉殿凉，绿荷经瀬递清商。千英水面重重艳。几度风前柄柄香。宫女移船摇绀叶，近臣载笔咏红芳。定心坐对西山静。不管秋纤映夕阳"。

清·乾隆《食栗诗》："小熟大者生，大熟小者焦。大小得均熟，所恃火候调。堆盘陈玉几，献岁同春椒。何须学高士，围炉芋魁烧"。

清·乾隆《白石榴诗》二首："尽把缃囊换绛囊，临风薄粉试梳妆。相逢似在瑶台夜，不辨花光与月光。""一种风流澹处宜，槛窗清绝晚凉时。东山少傅今犹在，羽扇纶巾看著棋"。

清·乾隆《阅马诗》："平原草色著霜初，试阅天闲万乘余。凤耳临风多（马兔）駷，龙鬐耀日有驔鱼。漫夸唐牧张千锦，何用周王历八虚？燕市骊黄抢选遍，遗材犹恐伏盐车"。

清·乾隆《梅杏》："梅兄杏弟江南例。杏主梅宾蓟北题，底藉郭驼法之巧，可忝庄叟物斯齐"。

清·乾隆《咏淳化轩庭梅》："今年春冷因通闰，最早山桃亦放迟。却是庭梅具深意，送行几朵发英斯"。

清·乾隆《麦诗》："平畴膏雨足，夏麦芃芃美。良苗将秀时，翠浪翻数里。朝曦淡以暄，珠露垂累累。缓骑昀绿畦，香风扇饼饵。祈年厪渊衷，敬志心中喜"。

清·乾隆《秧针诗》："绿水盈畴远若无，新秧似插苕公鬚。翻风贴贴疑铺毯，带露瀼瀼欲贯珠。翠颖透波光潋滟，青锋著雨意舒苏。勾芒夺得天孙巧，刺出丰年一幅图"。

清·乾隆《观获诗》："白露湛郊原，西成候已至。绿野满黄云，紫茎垂绛燧。铚艾兹其时，钱镈良具庤。几余临别院，农务观次第。值此岁云稔，实感天所赐。念予恤民艰，常凛祈年意。积以三时夏，今朝乃大慰"。

清·乾隆《碾食诗》："饼饵香风到，雕槃荐碾食。不宁尝野味，兼以忆穷檐。秋近日无几，芒抽雨未霑。密云空读易，愁上两眉尖"。

清·乾隆《剪蔬诗》："雨畦烟甲苗，珠露垂阑干。绿润披微风，生意何翩翩！圃师为剪摘，聊复凭栏看。翠痕应手折，香霏齿颊寒。采采已盈筐，适可供盘餐。仍复留新颖，用以待滋蕃。鄙事足会心，高吟兴未阑"。

清·乾隆《菜花诗》："黄萼裳裳绿叶稠，千村欣卜榨新油。爱他生计资民用，不是闲花野草流。宿雨初收幂野烟，金英千顷远蓁绵。几株红杏低枝照，大似苏堤春晓天。特清风味不妖芬，华爑光中驿路分。连垄绿牟相映处，此黄云先彼黄云"。

清·乾隆《牡丹八韵》："畹蕙还舒艳，源桃早逊香。不嫌迟好节，应为殿韶光。妃子亭边妩，蜂儿蕊底忙。标名偏许洛，极爱独称唐。响识金铃缀，阴看锦幪张。每当花绽朵，常值麦抽芒。几度夏云汉，何曾命羽觞？摧隤栏榭畔，孤负众芳王"。

清·乾隆《雨中看红梨诗》："只道宜晴雨亦宜，偏亲诗客露丰姿。暂游洛浦将飞际，小浴温泉未起时。浓抹几番因洗净，淡妆无力倩谁持？天公应惜胭脂褪，故把珠帘四面垂"。

清·乾隆《通州道中》："白云红树通州道，麦垄禾场九月秋。好景沿途吟不了，豳风图画望中收"。

清·乾隆《青龙桥晓行诗》："屏山积翠水澄潭，飒沓衣襟爽气含。夹岸垂杨看绿褪，映波晚蓼正红酣。风来谷口溪鸣瑟，雨过河源大蔚蓝。十里稻畦秋早熟，分明画里小江南。猎猎金风荡彩旒，迎凉辇上露华流。横桥雁齿回朱舫，元浦兰苕起白鸥。禾黍香中千顷翠，梧桐风里三分秋。凭舆喜动丰年咏，却忆三春午夜忧"。

清·乾隆《望两山诗》："迤逦西峰翠霭侵，纱幮闲凭散幽襟。无心最喜云生岫，得句多因座对岑。黛色烟光相罨画，卧遊静赏当登临。晚来兰若僧方定，遥想疏钟度远林"。

清·乾隆赞香山红叶："深秋霜老，丹黄朱翠，幻色炫采。朝旭初射，夕阳返照，绮缬不足拟其丽，巧匠设色不能穷其工"。

清·乾隆《古柏行》："摛藻堂边一株柏。根盘厚地枝擎天，八千春秋仅传说，阙寿少当四百年"。

清·乾隆《咏古揪》："树植轩之前，轩构树之后。树古不计年，少言百岁久。孙枝亦齐肩，亭立如三友。粗皮皴老干，冬时叶无有。积雪为之华，是诚循名否"？

清·康熙《咏潭拓寺竹》："翠叶才抽碧玉枝，经旬清影上阶墀；凌霜抱节无人见，终日虚心与凤期（栖）"。

清·乾隆《堤柳》："堤柳以护堤，宜内不宜外。内则根盘结，御浪堤弗败。外惟徒饰观，水至堤乃坏。此理本易晓，倒置尚有在。而况其精微，莫解亦奚怪。经过命补植，缓急或少赖。治标兹小助，探源斯岂逮"。

清·乾隆《耕耤词三首》："洪麋在手御犁扶，京兆司农执事趋。讵止游场循典礼，要知农重祝农廙。""雨沾春扈命耕时，千亩祥风飐彩旗。岁岁躬亲不遑逸，劭农家法式勤思。""栏辉白玉望耕台，帝藉今年礼倍该。恰值青郊一犁足，惠风合拂晓云开"。

清·乾隆《仲春耕耤诗》："布政宜敦本，当春乃劝农。良辰耕帝藉，膏雨遍畿封。辇路华旄映，城闉瑞霭浓。明禋先致享，神格益滋恭。耒耜青箱列，公卿法服从。三推亲竟亩，百室愿如墉。皇考贻谟烈，斋宫著肃雍。无须陈夏谚，即此仰尧踪"。

清·乾隆《耕耤礼成得诗四首》："昭苏春气浓，千亩正南纵。劝穑倡群辟，明禋考秩宗。轻云笼旭日，殷礼享先农。宁望甘膏沛，微衷益致恭"。

"皇考勤农本，年年盛典修。春郊方淡荡，穑事敢迟留？野老披蓑笠，青坛觐冕旒。颁恩劳终亩，旨酒美思柔"。

"采棚周沃壤，葱辖（jiè）服青犁。京兆种方布，皇州草未萎。九三分位次，黍稷按东西。酿雨云容好，应霭云起泥"。

"祥风扇盉融，金翼影方中。阊阖千门启，逶迤一路通。心因绳武恪，礼以重农隆。蚕馆初诹吉，勤民此意同"。

清·乾隆《耕耤十二》："良辰惟吉亥。农礼事亲耕。岁举遵先典，晨开出禁城。和铃鸣哕哕，葆羽曜晶晶。至止方坛近，趋跄列陛平。佑神依古制，嘉乐协元声。夙辨粢粱种，言观末稆呈。禾词三十六，田父陌阡行。湿湿服葱辖，齐齐覆采棚。三推勤已谕，加一训尤明。甸者青箱插，畴人玉漏倾。不宁倡稿事，端以奉齐盛，安得如膏润，宽予望岁情"？

清·乾隆《耕藉三十禾词》："光华日月开青阳，房星晨正呈农祥。帝念民依重耕桑，肇新千藉考典章。吉蠲元辰时日良，苍龙銮辂临天闿。青坛峙立西南方，牺牲簠簋升芬芳。皇心祗敬天容庄，黄幕致礼虔诚将。礼成移跸天田旁，土膏沃洽春洋洋。黛犁行地牛服缰，司农种棱盛青箱。洪縻在手丝鞭扬，率先稼穑为民倡。三推一拨制有常，五推九推数递详。王公卿尹咸赞襄，甸人千耦列雁行。耰助既毕恩泽滂，自天集福多丰穰，来牟荞蕾森紫芒，华芎赤甲秜秆（同"秆"）枋。秬秠三种黎白黄，稷粟坚好硕且香。穈芑大穗盈尺长，五秮五豆充垅场。稌粢穈𥣫九色粮，蜀秫玉黍兼东墙（同墙）。乌末同收除童粱，双岐合颖遍理疆。千箱万斛收神仓，四时顺序百谷昌。八区九有富盖藏，欢腾亿兆感圣皇"。

清·乾隆《耕藉礼成述事》："两岁躬耕稽省春，劝农宁敢重逡巡？青箱黛秬陈依旧，彩缀华棚罢以新。已慰润泉启蜎户，更希继泽见鱼鳞。禾词卅六分明听，八政心钦倡万民"。

清·乾隆十七年《祭先农坛诗》："莫非尔极粒群生，祀典躬行逮举耕。蔼蔼青郊含宿露，垂垂黄幕朗新晴。三推敢懈勤民志？七奏惟宜望岁情。好雨知时先受贶，益深兢业凛持盈"。

清·乾隆二十年《祭先农坛诗》："练日临祥亥，占农逮正晨。祈丰祀修洁，致敬宇维新。赞帝降嘉种，于时此大徇。即看土膏润，慰悚戴鸿钧"。

清·乾隆二十四年《祭先农坛诗》："有事祈神佑，无非仰帝临。方坛修毖祀，姑洗协元音。农务将兴候，身先要必钦。况曾艰腊雪，益切望春霖。三献遵伊古，四推匪自今。黄云落土雨，踧踖惝弥深"。

清·乾隆《耕耤拟禾词四首》："沃涂膏壤司空掌，标亲绀辕农正陈。率稼供粢胥要道。敬遵家法岁躬亲"。

"千里王畿霑腊雪，阳春二月被甘霖。天恩今岁真优渥，益为纾心益惕心"。

"陇麦芃葱实惬怀，宁惟耤亩治除佳。去年此日那能忘，曾是雱雱镇雨霾"。

"四推葳礼置朱纮，递进扶犁王与卿。诸部同人列观预，俾知国典重农耕"。

清·乾隆三十一年《耕耤禾词》："司农京兆进犁鞭。黄道迎南直似弦。恭己倡民宜用慎，却思将事隔经年"。

"取诸益象自神农，耒耜由来万古宗。自在勤民宝稼穑，岂关刻木饰金龙"？

"春耕仲月早成诗，吉亥云当此际宜。虽是司天撰良日，究为规土太迟时"。

"三推加一陟台崇，农具农夫列候同。非不豳风图日览，关心触目廑田功"。

清·乾隆三十三年《耕耤禾词》："春亥虔因撰吉期，翻嫌身先此为迟。犁鞭襄事胥文苑，应有佳词佐耤仪"。

"戊土岁千吁丰楸，子支春仲叶孳萌。勤民要务足衣食，穆穆天田此倡耕"。

"沃壤平治厥亩千，黄牛拖末直如弦。春郊早见亲耕者，所喜土膏润大田"。

"碧宇云轻风亦轻，三推加一岁躬行。知非待雨究希雨，爱听春鸠古树鸣"。

清·乾隆其他涉农诗句（均出自《日下旧闻考》三）：

"连阡麦苗嫩，围墅柳条轻"。

"凭舆历历好韶光，麦始攒青柳欲黄"。

"柳陌风前金缕缕，麦塍雨后绿芊芊"。

"麦临芒种堪收半，黍沃甘膏更长齐。忧慰总缘农务切，吟诗岂为凑新题"。

"沿堤柳已黄，出陇麦未青。望雪继望雨，东亩迟力耕"。

"气候南暄渐北寒，行看麦穗尚青攒。晴资熟麦雨资黍，措念一时竞两难"。

清·乾隆《玩核桃》："掌上旋明月，时光欲倒流。周身气血涌，何年是白头"。

清·乾隆《微雨二首》之一："顾彼原田每，良农待兴耜。巽二汝勿遑，好生天地理"。

清·乾隆《丰台诗》："丰台仍是旧名呼，接畛连畦种植俱。点缀韶光宁可少，偷移天巧得曾无"？

清·康熙《题白云观壁》："狐奴城下稻云秋。灌溉应将水利收。旧是渔阳劝耕地，即今谁拜富民侯"。

清·庞垲《丰台看花》："四月清和芍药开，万紫千红簇丰台。相逢俱是看花客，日暮笙歌夹道回"。

清·景陵谭元礼《晚晴步金鱼池》："帘（"帘"同"簾"）开我为晚晴出，万叶沉绿浅深一。滴滴跃跃洗池塘，朱鱼拨剌表文质。接餐生水水气鲜，霞非赤日碧非莲。儿童拍手晚光内，如我如鱼急风烟。士女相呼看金鲫，欢尽趣竭饼饵掷。不携一樽淡然观，薄暮奕奕有此客"。

清·嘉兴金孺瞻《秋日游草桥》："蝶衰蜂少草虫辰，老圃如农赛社神。除却菊花俱入窖，人间秋矣地中春"。

清·秦聘璁《斗蟋蟀歌》："使气及虫羽，燕赵少年场。两雄而一器，臂怒首低昂。其勇各已养，作势分列行。杀机盆盎中，策力群相当。上下屡禁制，东西纷跳梁。胜负鸣者分，主人色仓皇。虫生死斗耳，主何为短长"。

清·沈德潜《刈麦行》："前年麦田三尺水，去年麦田半枯死；今年二麦俱有秋，高下黄云遍千里。磨镰霍霍割上场，妇子打晒田家忙。纷纷落砘白于雪，瓦甂时闻饼饵香。老农食罢吞声哭，三年乍见今年熟"。

清·顾太清《村景》："墙头村妇窥游骑，树底耕牛卧草栏。十里香尘吹紫陌，悠悠冠盖退朝官"。

清·顾太清《清明雨后往香山书所见》："迎面西山晓气融，飞鸦群舞陇头风。长堤杨柳因谁绿，破庙桃花也自红。叱犊声催村舍外，浣衣人在画图中。果然好雨知时节，处处耕耘兆岁丰"。

"麦浪翻翻犹秀穗，杨花点点已浮萍。远山浅黛如含笑，爽气朝酣宿雨晴"。

清·武伟《山村》："尘嚣不到处，蓦尔见柴扉。泉碧鱼鳞细，园青鸭掌肥。野花开更落，山鸟语还飞。箕倨长松下，清风袭客衣"。

清·于奕正《咏永定河》："凌晨去渡桑干水，浪涌涛惊土亦流。谁信他年换清浊，遥遥映出数峰秋"。

清·冯廷櫆《获麦行》："雷声隐隐车轮转，山田刈麦天将晚。舍前开场镜面光，青丝鞭牛下陇坂。去年春雨两三翻，压车麦穗黄云卷。今年风吹三月晴，麦苗看似秧针短。官家下诏已蠲租，积逋并敕免追呼。田夫田妇私鼓舞，早买豚蹄赛田租。老翁眼明竖花幡，稚子手匀击羯鼓。纸钱化作麦蛾飞，村酒虽涩祈神许。邻人忽从城中来，惊闻传呼谒官府。上司明文昨日颁，屯粮不在赦中间。且秣蹇驴夜饮饭，打叠新麦入市贩"。

清代有一首《竹枝词》写丰台地区芍药花的繁华情景："芍药当春色倍娇，佳人头上斗妖娆，丰台一片青青叶，十字街头整担挑。"《北京风俗杂咏》有诗道："燕京五月好风光，芍药盈筐满市香。试解杖头分数朵，宣窑瓶插砚池旁。""买得丰台红芍药，铜瓶留供小堂前"。

唐·孟郊："芍药谁为婿，人人不敢来。唯应待诗老，日日殷勤开"。

清·王武《芍药》："芍药花如缬，相将赠远人。一枝香雨露，娇艳不胜春"。

宋·王安石《梅花》："墙角数枝梅，凌寒独自开。遥知不是雪，惟有暗香来"。

宋·陆游《梅花》："当年走马锦城西，曾为梅花醉似泥。二十里中香不断，青羊宫到浣花溪"。

元·王冕《墨梅》："我家洗砚池头村，个个花开淡墨痕。不用人夸好颜色，只留清气满乾坤"。

三国·曹植《灵芝》："灵芝生王地，朱草被洛滨。荣华相晃耀，光采晔若神"。

清·郑洛英《金薯诗》（节选）："浮浮而于蒸，甘贻如米粟。糁糁而于羹，丰香如脼肉。或粉而如膏，或屑面如玉。渴可以生津，饥可以果腹。剪叶当园蔬，抱藤资牲畜"。

近人王振汉《赞甘薯》："鄙视群花艳色争，安家僻地隐芳名。风摧日曝新秧发，雨打霜侵绿叶生"。

第二节　北京农业的典故传说

一、西红门的萝卜叫城门

相传大兴区西红门地区古时盛产"心里美萝卜"。该萝卜外皮露土部分色青，埋土部分色白，切开萝卜，其内是紫红色，鲜艳令人流涎，吃起来酥脆、多汁爽口，人称水果萝卜。

某年冬天，慈禧坐宫感到憋闷，就让侍从们陪她去南海子的围场狩猎消遣，当行至西红门时，慈禧感到劳累，让侍从们停下歇脚，并想吃水果解渴。不料果盒丢了盖子，梨冻成了冰核不能吃。机灵的侍从见慈禧就要发作，献上当地准备的心里美萝卜。慈禧一尝喜上眉梢，一个劲儿地赞叹道："萝卜赛梨"。从此，慈禧就喜欢上心里美萝卜那股清脆甜润的感觉，于是下令西红门时常进贡萝卜。为了便于西红门萝卜进城方便，她令城门看守，只要城下喊送萝卜来了就打开城门，久之就有了"西红门的萝卜叫城门"的典故与传说。不过也正是心里美萝卜既美又好吃，一直传承至今。

二、黄土坎鸭梨"梨中之王"

黄土坎鸭梨产于密云区不老屯镇黄土坎村，距今已有 600 年的历史。其果实个大，皮儿薄且呈金黄色；果肉细嫩，含糖量高，果核小，肉厚酥脆，果味甘美香醇。相传清代乾隆皇帝游承德回京路。路经遥桥峪行宫时，地方官员献上了黄土坎鸭梨，倦怠的乾隆皇上眼睛顿时一亮，便道："好个黄金如玉、灿灿生辉的仙品"！品之更觉清脆异常，甘美如饴，连称"梨中之王"。如今已发展到 1.2 万亩，有梨树 60 万株，成为观光采摘的乐园。

三、金把黄梨

大兴区庞各庄镇梨花村（原名南村）盛产金把黄梨，至今已有 400 多年种植史。据说金把黄梨是该村所种鸭梨的一种特色性状。一次明万历皇帝邀该村一位秀才谈古论今。谈兴之中，万历皇帝吟出"北庄萝卜葱心绿"，让寇秀才应对，寇秀才拿着自己带来的南村鸭梨给万历皇帝品尝，并应对上联道："南村鸭梨金把黄"。皇帝一听，龙颜大悦，遂赐封南村鸭梨为"金把黄梨"，并钦点为宫中贡品。

如今南村已改为梨花村，梨园规模达万亩，存有百年以上的金把黄梨 3 万株。据称是目前国内罕见的平原古梨树群。

四、赛倭瓜的磨盘柿子

京郊柿子中有一种个大，腰间有勒沟上下两层相叠，房山地区称其为"磨盘柿"，门头沟、昌平等地则称"大盖柿"，果色金黄艳丽，以色、形、味俱佳闻名，有"喝了蜜"的美誉。房山区张坊镇已有 630 多年的种植史，如今已发展 1.9 万亩，有柿树 40 余万株，年产鲜柿 650 万千克，被誉为"中华柿都"。长期以来，在民间一直流传着"色胜金衣美，甘逾玉液清"的诗句。

五、御塘米

房山区黄龙山下高庄村泉自地涌，自古村民就利用玉塘清泉水种稻，至今已有300多年历史，史称"玉塘稻"或"玉塘米"。其"米白色粒粗，味极香美，以为饭，虽盛夏而不馊"（见《燕山丛录》）。据《房山县志》记载，清皇康熙驾临云居寺，地方官员将米奉献给康熙皇帝，并请其品尝。康熙尝后钦定贡米，并赐产米玉塘为"御塘"，所产之米为"御塘米"。此米一直传承至今。

六、御稻米

本名"京西稻"，盛产于海淀玉泉山脚下水乡之地。《永宪录》记载，清康熙年间，"京西稻"始定为"贡米"，"其供御膳曰御稻米，出京师西山"。

《北京青年报》2008年10月24日在《京西稻拟异地种植》一文报道：京西稻"种植历史，可追溯到西晋，在京种植历史已有千年"。因玉泉水量退缩，农业用水紧缺，京西稻已只剩下1 000~2 000千亩以至传承。

七、铁吧哒杏

顺义区北石槽镇西赵各庄本产香白杏，后由清皇乾隆赐名"铁吧哒杏"。铁吧哒在满语中意即最好、第一的意思。

据传乾隆皇帝在微服私访中路经西赵各庄杏林，乾隆迎面只见杏硕大红艳，油光透亮，便摘下品尝，顿觉一股鲜香沁人心脾，酸甜适度，口舌生津，饥渴全无。于是龙颜大悦，命随从拿过笔墨，一挥而就"铁吧哒"跃然纸上。回宫后，他念念不忘"铁吧哒杏"，遂命皇宫大臣到西赵各庄兴建"御杏园"。之后所产杏果全部归朝廷享用。如今，重建成园，对外观光采摘休闲。

八、桑树王

相传西汉时，王莽篡位，东宫太子起兵讨伐，兵败幽州，孤身一人，负伤落魄于今大兴区安定镇北野厂村的桑园中 30 余天，靠吃桑葚度日，后被手下大将邓羽接回。刘秀登上皇位后，曾封救其性命的桑树为王。如今安定镇北野厂、高店村一带的古桑园依然存在，其中，一株最为古老的桑树干径约 1 米，所产桑葚曾为贡品。

九、宫廷黄鸡

宫廷黄鸡本为北京油鸡，由朝阳区大屯、洼里一带乡亲们由"九斤黄鸡"中选育而成，距今已有 300 多年历史。其肉鲜美，营养丰富。相传是清朝北洋大臣李鸿章供奉给慈禧太后的。蒙古佳肴"八珍"之一的"鸡汤口蘑扒驼峰"，就是用北京油鸡汤煨驼峰和口蘑做成的名菜。由此，清宫和官吏还喜欢用北京油鸡烹制"鸡八块""鸡肉羹"和"辣子童鸡"等。末代皇帝溥仪之弟爱新觉罗·溥杰曾亲题"中华宫廷黄鸡"。

十、庞各庄的西瓜叫京城

据史料显示，北京地区自五代时即引种西瓜，从金代起大兴区庞各庄西瓜就已成为历代朝贡的贡品。相传清代慈禧太后就非常爱吃庞各庄西瓜，而且品尝时能识别出哪块是庞各庄的。因此，庞各庄西瓜一直以贡品进入清朝皇宫。自古以来京城消暑西瓜主要来自大兴庞各庄所产。每到夏日瓜熟时节，庞各庄的瓜农们赶着骡马车，将一车车

"黑崩筋"，送到老北京的果子市、果局和副食品店。也有的瓜农赶着毛驴车串胡同高声吆喝："庞各庄的大西瓜哟！""沙瓤的大西瓜嘞！"庞各庄西瓜充满京城大街小巷的叫卖声，人称"庞各庄的西瓜叫京城"！

十一、中国玫瑰之乡

京郊门头沟区高山众多，是玫瑰生长的理想环境，尤以妙峰山镇涧沟村盛产玫瑰花。这里的玫瑰花具有花型大、颜色深、花瓣厚、香味浓、含油高的优良品质，年产10万千克左右，其更以品种纯正而驰名华夏。由玫瑰花提炼出的玫瑰精油在国际上的价格是每千克30万元，因此，被称为"液体黄金"，农民种玫瑰花的收入是种粮食的6倍。

以涧沟村为核心的妙峰山地区种植玫瑰花历史悠久，种植规模大，品质优良，产品开发多，有着"中国玫瑰之乡"的美誉，而这里的玫瑰花也被誉为"华北一绝"。

十二、干果之王

京郊怀柔产板栗历史悠久，可追溯到春秋战国时期。但京郊已发掘出土的板栗遗迹经检测远远早于此。据赵丰才著《中国栗文化》记载，周口店猿人遗址就出土有板栗遗迹——距今50万~70万年；另平谷上宅遗址出土有榛栗孢子粉遗迹——距今4 500~7 000年。"怀柔板栗"具有果形玲珑、色泽美观、肉质细腻、果味甘甜、易剥内皮、糯性强等特点，因此，拥有东方"珍珠"和"紫玉"等美誉。三国时陆玑在《毛诗草木鸟兽虫鱼疏》中记载道："五方皆有栗，唯渔阳（怀柔古称）、范阳栗，甜美味长，他方者悉不及也"。清代《日下旧闻考》云："栗子，以怀柔产者为佳"。板栗抗旱耐瘠是一年种百年收的"铁杆庄稼"，其营养保健价值极高。清慈禧为了延年益寿，经常食用栗子面做的栗子窝窝头。因板栗的食用价值全面，在干果中被称为"干果之王"而广泛流传。

十三、御果园

海淀区上庄镇皂甲屯村早在清朝初就有东园子和南园子，占地70亩。种植有梨、李子、红果等，皮美、肉优，李子果品更优。相传，清康熙皇帝曾到此一游，御膳时果盘内放着水果，其李子紫色皮、满白霜、如鸡蛋。皇帝询问："这种水果产自何地？有什么奇妙之处？"随行内务府掌礼司正堂禀报道："这李子产在本地皂甲屯，这种李子只有皂甲屯有，别处绝无此果"。康熙一边听，一边品尝着李子的风味儿，霎时龙颜大悦，传下谕旨，赦封皂甲屯果园为"御果园"，并将李子钦定为"御皇李"，命正白旗之应氏等人专门管理"御果园"一切事务。为使御果——李子进城入宫方便，康熙特赐龙牌，谕旨：凡皂甲屯"贡品"，德胜门、西直门守军不得阻拦。圣旨下传，一直延续到"民国"二十四年（1935）年宣统溥仪被逐出紫禁城为止。

十四、张堪引水种稻

《后汉书·张堪传》记载：张堪拜渔阳太守，"乃于狐奴开稻田八千余顷"，"劝民耕种，以致殷实"。张堪在北方开水田种稻这么大面积是开了先河。他在任八年，社会安定，百姓富足。当时乡亲们，以民谣歌颂张堪"桑无附枝，麦穗两歧，张君为政，乐不可支"。并在前鲁各庄建立张堪祠堂，赠额联"渔阳惠政"的铭记，墙壁上绘有反映当时种植水稻的壁画。清康熙有诗赞："狐奴城下稻云秋，灌溉应将水利收。旧是渔阳劝耕地，即今谁拜富民侯"（见《题白云观壁》）。

当今农业史料中对北京地区何时种植小麦？所见多以"至尽东汉时期"，其见证就是上面述及的"麦穗两歧"。

十五、永宁豆腐

京郊延庆区的古镇永宁，相传在汉淮南王刘安时期已开始制作豆腐，到明代塞外就流传着"从南京到北京，要吃豆腐到永宁"的说法，到清代就成为宫廷贡品。永宁豆腐其味清香，口感细嫩，其制作诀窍一是水质好，二是酸浆点豆腐，而酸浆是豆腐做成后的原汁，再经发酵变酸制成的。如今做豆腐经营已成永宁镇一项重要的富民产业。

十六、麋鹿还乡

麋鹿本是明清两代皇家猎园中的动物。1865年法国传教士阿芒·大卫在北京南苑做动物考查时发现了麋鹿，并获得两张鹿皮及头骨、角标本，1866年，从海路运到法国巴黎自然博物馆，经鉴定，此为新属、新种，第一次把麋鹿从学术的角度介绍给世人，中国的麋鹿从此蜚声海外，被陆续运到欧洲。再因洪水和1900年八国联军的抢掠，南苑麋鹿荡然无存。被运到欧洲的麋鹿因圈养不适也濒于灭绝。幸有英国贝福特公爵将散落在欧洲的18头麋鹿（当时已为世界仅存）搜集到自己的乌邦寺大庄园里放养，让其生活于半野生的环境中。由于环境适宜，又奇迹般的繁殖起来。1984年11月，英国乌邦寺当时的主人塔维斯托克侯爵决定将生活这里的22头麋鹿无偿赠送给中国，回归到北京原地，人称"麋鹿还乡"，并陆续输出到全国30个地区。截至2002年12月，当年运回的22头竟繁殖到600多头。

第三节　北京的民谣与新农谚

一、民谣

通州张家湾镇一带："青皮萝卜紫皮蒜，抬头老婆低头汉。"以物喻人，辛辣的萝卜和蒜来比喻男女的要强与厉害。

海淀六郎庄一带："京西稻米香，炊味人知晌，早餐毋需菜，可口又清香"。

"六月秧，大水沧。禾打苞，水齐腰"。

大兴民歌（区志）："南风吹，麦子黄，家家户户收割忙；紧打轧，忙入仓，快从龙口来夺粮。秋风吹，庄稼黄，燕子南飞过长江；农民披星把地下，家中粮食堆满仓。苹果甜，稻谷香，车来人往收获忙；农民齐把丰收唱，嫦娥听了想家乡。左一洼，右一洼，洼洼里面好庄稼；高的是高粱，矮的是棉花，不高不矮是芝麻"。

通州《长工谣》："高粱粥，稀得溜，谷子饭，分窝头，辣椒叶，没点油，伙种地，人赛牛。挨打骂叫来巡警绑了走"！

"白露秋分始转凉，秋收秋耕秋种忙，晚秋管理别放松，东西南北防早霜"。

房山长沟镇："旱地的枣，水地的稻，良各庄的萝卜比人高"。

延庆永宁镇："农家三大宝，栗子、核桃、枣"；"每日吃三枣，一辈子不显老"。

"立秋胡桃白露梨，寒露柿子红了皮"。

"从南京到北京，要吃豆腐到永宁"。

"甘薯一身都是宝，香甜可口味道好；生熟烹调都好吃，备战备荒价值高；一年甘薯半年粮，用途广泛产量高"。

二、北京新农谚

以下为不完全收集和整理的北京新农谚。

（1）科学种田，越种越甜。

（2）科教兴农，潜力无穷。

（3）上茬玉米，下茬麦，一年两熟靠机械。

（4）种菜种瓜，设施栽培无冬夏。

（5）喷灌滴灌，节水过半。

（6）工厂化生产，周年不闲地高产。

（7）秸秆还田，保护环境又肥地。

（8）农民种大棚，冬闲变冬忙。

（9）北斗卫星导航，减灾防灾有保障。

（10）靠山吃山，水土流失人心散；养山富民，绿染青山人倍欢。

（11）电脑入户，科技进门，科学种田不慌神。

（12）裸露农田搞覆盖，春无扬尘进家来。

（13）科学种田，讲究五节（节地、节水、节种、节肥、节能）。

（14）实行集约化经营，发展知识经济。

（15）要想地高产，先把科技攀。

（16）要把地种好，育人最重要。劳动变资本，地产会大增。

（17）古人种田靠经验，现代种田靠科技。

（18）牛是农家宝，机器更是神，耕、种、收、管、加（工），样样它都能。

（19）过去种地求温饱，今日务农为致富。

（20）创高产，提质量，抢占首都大市场。

（21）传统农业精耕细作，现代化农业精准集约。

（22）小农经济"狗尾霜"，集体经济奔"小康"。

（23）顺天时，量地利，发展特色竞争先。

（24）地标产品好，智慧投入是诀窍。

（25）自主承包经营，敢为天下先。

（26）"多予、少取、放活"，农民受益获真果。

（27）设施农业真是好，一年四季绿浪涛。

第四节　北京的农业贡品及特色产品

以下为不完全统计的北京市农业贡品、特产及优良品种（表6-2）。

表6-2　北京农业贡品、特产及优良品种

序号	资源名称	产地	距今时间	社会认知
1	京西稻	海淀区玉泉山等一带	清康熙赐名	清廷贡品
2	御塘米	房山区大石窝村	清康熙赐名	清廷贡品
3	五色韭	大兴区瀛海村一带	清末至20世纪80年代	清廷贡品
4	庞各庄西瓜	大兴区庞各庄镇	600多年	明清贡品
	樱桃沟樱桃	海淀区香山樱桃沟、门头沟区妙峰山樱桃沟	300多年	清廷贡品
5	丰台花卉	丰台区"十八村"	700多年	明清贡品
6	心里美萝卜	大兴区高米店、西红门等地	约从宋代至今	清廷贡品
7	北京王（黄）瓜	海淀区四季青乡一带	见于明代	地方品种
8	玉皇李	延庆区靳家堡玉皇庙村，密云区东邵渠乡石峨村	400年以上 400多年	清代贡品 清代贡品
9	京白梨	门头沟区军庄东山村，昌平区、大兴区、房山区亦有种植	300多年历史	清代贡品
10	红肖梨	密云区大城子乡梨儿寨村、大兴区定福庄村等	500多年历史	曾为贡品

（续表）

序号	资源名称	产地	距今时间	社会认知
11	黄土坎鸭梨	密云区不老屯镇黄土坎村	600多年历史	曾为贡品
12	金把黄梨	大兴区定福庄村	历史悠久（现有400多年梨树）	明代贡品
13	小雪梨	平谷区镇罗营村、密云区大城子村		特产
14	秋梨	延庆区	自古就有种植	特产
15	酸梨	密云区、昌平区、平谷区山区		特产
16	佛见喜梨	平谷区	农业部认定地标产品	优良梨品
17	磨盘柿	房山区张坊镇为主，门头沟区（陇驾庄村）、昌平区等称大盖柿	相传600年以上	明清贡品
18	八月黄柿	平谷区黄松峪村	百年以上	地方良种
19	杵头柿	昌平区、平谷区等	自古种植	地方良种
20	火柿	平谷区	历史悠久	地方良种
21	金灯柿	房山区北车营村	历史悠久	观赏用
22	京东贡柿	平谷区王辛庄井峪村	历史悠久	贡品
23	郎家园枣	朝阳区特产	至少清代至今	清代贡品
24	洪村白枣	大兴区黄村镇洪村	尚有一株300年枣树	清代贡品
25	长辛店白枣	丰台区长辛店地区		地标产品
26	枣枣枣	昌平区流村镇西峰山	历史悠久	特产
27	西峰山枣	昌平区流村镇西峰山	历史悠久	特产
28	金丝小枣	密云区西田各庄地区	千年以上	清代贡品
29	苏子峪大枣	平谷区苏子峪村	200多年	特产
30	太子墓枣	门头沟区太子墓村	历史悠久	京西名特
31	无核枣	大兴区、顺义区、昌平区有少量种植	千年以上	特产
32	怀柔脆枣	怀柔区西三村一带	历史悠久	特产
33	牙枣（菱枣）	房山区南尚乐一带	历史悠久	特产
34	鸭蛋枣	故宫博物院	历史悠久	特产

（续表）

序号	资源名称	产地	距今时间	社会认知
35	葫芦枣	散见北京各枣园	历史悠久	特产
36	猴头枣	房山区南尚乐一带	历史悠久	特产
37	瓶儿枣	平谷区有栽培	历史悠久	特产
38	酥枣	昌平区十三陵地区零星种植	历史悠久	特产
39	老虎眼枣	北京地区庭院零星种植、门头沟区	历史悠久	特产
40	璎珞枣	大兴区榆垡镇东、西翁各庄，昌平区	历史悠久	观赏特产
41	大糠枣	大兴区榆垡镇东、西翁各庄，昌平区崔村	历史悠久	观赏特产
42	龙爪枣	散见于北京各枣园和居民院	历史悠久	观赏特产
43	茶壶枣	由山东引进	历史悠久	观赏特产
44	无核黑枣	房山区、丰台区、平谷区	传统品种	特产
45	菱枣	房山区大石窝镇	传统品种	明清贡品
46	香白杏	门头沟区龙泉务村	历史悠久	清代贡品
47	北寨红杏	平谷区南独乐河北寨村	百年以上	北京名杏
48	铁巴哒杏	顺义区北石槽镇西赵各庄村、昌平区	清乾隆年间得名	贡品
49	骆驼黄杏	门头沟区龙泉务村	历史悠久	地方特产
50	火村红杏	门头沟区火村	历史悠久	地方特产
51	龙王帽杏	门头沟区龙王村	历史悠久	地方特产
52	大玉巴达杏	海淀区北安河地区及昌平区	历史悠久	地方特产
53	黄尖嘴杏	房山区霞云岭乡 房山区北车营村	近300年 300多年	传统产品 地方特产
54	苇甸扁杏（仁）	门头沟区上苇甸村		仁用杏
55	早香白杏	海淀区北安河一带	历史悠久	地方特产
56	北安河大黄杏	海淀区北安河一带	历史悠久	地方特产
57	北车营杏	房山区北车营村、坨里村		地方特产
58	金玉杏	昌平区十三陵果庄村	100多年	特产
59	蜜坨罗杏	原产于房山区北车营农家品种	历史悠久	
60	串铃杏	原产于房山区北车营村	历史悠久	

（续表）

序号	资源名称	产地	距今时间	社会认知
61	桃杏	原产于房山区北车营村	历史悠久	
62	柏峪扁杏	门头沟区柏峪村	历史悠久	仁用杏
63	怀柔板栗	怀柔区北部山区	古燕国时即盛产	地理标志产品
64	密云甘栗	密云区山区	古燕国时即盛产	贡品、地标产品
65	灵水核桃	门头沟区灵水村	千年以上	地方特产
66	坟庄核桃	密云区坟庄村	历史悠久	地方特产
67	文玩核桃（麻核桃）	昌平区、门头沟区、房山区	属于野生种群	文玩
68	狮子头（麻核桃）	门头沟王平镇韭园，清水镇黄安坨		文玩
69	虎头（麻核桃）	房山区霞云岭堂上村		文玩
70	鸡心（麻核桃）	昌平区		文玩
71	公子帽（麻核桃）	市林果所		文玩
72	八棱海棠	延庆区四海镇帮水峪村、门头沟区和南台等地	历史悠久	清代贡品
73	白蜡皮桑葚	大兴区安定镇北野厂等村	千年历史	清代贡品
74	大十桑葚	大兴区安定镇北野厂等村	千年历史	清代贡品
75	金星山楂	怀柔区		原产
76	灯笼红山楂	门头沟区		
77	寒露红山楂	房山区、门头沟区、延庆区等地		
78	碧霞秋蟠桃	平谷区刘店镇		北京特产
79	金顶玫瑰花	门头沟区妙峰山镇涧沟村	自古种植	辽至清代贡品
80	北京油鸡	朝阳区洼里一带	300多年	清代贡品
81	北京鸭	海淀区玉泉山一带	535年	清廷贡品
82	草金鱼	朝阳区高碑店村	从辽金至今	清廷贡品
83	龙金鱼（宫廷金鱼）	崇文区金鱼池	从辽金至今	清廷贡品
84	北京乌鸡	通州区		
85	北京黑白花奶牛	北京市奶牛中心	20世纪引进	贡品
86	北京黑猪	北郊农场	1963年开始培育	地方良种

第五节　北京农业的京字头产品

在古代未见有带"京"字头的农产品记载，直到近现代方依稀见于资料和报纸杂志的北京农业"京"字头产品。

一、"京"字头农产品

（1）京白梨。产于门头沟区军庄镇东庄村、孟村。

（2）京西白蜜。产于门头沟区，由天然高浓度白荆花蜜（43 波度以上）形成，为古代三大贡蜜之一。其结晶细腻，口味清凉，香气淡雅，为浅黄色或乳白色，口感柔细，回味悠长，是清肺润肠，止咳平喘之上等首选蜂蜜。唐《食疗本草》对白蜜写道："主心腹邪，诸惊痫，补五藏不足气；益中止痛，解毒；能除众病，和百药，养脾气，除心烦闷，不能饮食"。从唐起京西白蜜即入宫为贡品。至如今仍为全国唯一"京"字头的原产品地蜂蜜商标（见门头沟区《京西科普》，2010 年 No. 5）。

（3）京西稻。自古（西晋）产于海淀玉泉山一带，其"京"字头从清代起。

（4）北京鸭。从明代起。

（5）北京油鸡。从清代后期起。

二、"京"字号野生植物

北京粉背蕨，北京水毛茛。

三、"京"字头农业科研产品

（1）小麦。京冬 6 号、京冬 8 号、京花 1 号、京麦 6 号等由市农林科学院育成推广应用；京 411、京 437、京 9428 等由北京种子站育成推广；北京 8 号、北京 6 号等由中国农业科学院育成推广；京双 16 号等由双桥农场科技站育成推广。

（2）玉米。京杂 6 号、京白 10 号、京黄 113、京黄 105 等由东北旺农场科技站育成。京早 7 号、京单 403、京科、京玉、京科糯、京科甜等近 40 个品种，由市农林科学院玉米研究中心育成与推广。

（3）水稻。京越 1 号、京育一号、京引 47、京系 3 号、京红 2 号、京丰 2、京丰 5 号、京丰 8 号、京稻 21、京花 101、京优 6 等品种，由北京市农林科学院和中国农业科学院育成。

（4）花生。北京 4 号、北京 2 号等由北京市农林科学院育成。

（5）西瓜。京欣一号、京欣三号等由北京市农林科学院蔬菜所育成推广。

（6）蔬菜。大白菜有北京 4 号、北京 26、北京新一号、北京新三号、北京 80 号、北京 88 号、北京 100、北京 106、北京 97 等，由北京市农林科学院蔬菜研究所育成；甘蓝有京丰一号、北京小白口（农家种）、北京早熟（引进）、京甘 1 号等；番茄有北京 10 号；甜椒有京椒 1 号（引进）；黄瓜有北京大刺瓜、北京小刺瓜（农家品种），京旭一号（市农业科学院）；萝卜有京红 1 号；土豆有北京小黄（农家品种）；其他有北京豌豆（引进），北京芹菜 2 号。

（7）北京黑白花奶牛。由原农场局系统在引进基础上培育出的具有中国特质的黑白花奶牛，后改为中国荷斯坦奶牛。

（8）北京黑猪、北京花猪。分别由北郊农场和南郊农场与科研单位合作育成推广。

（9）北京白鸡、北京红鸡。都由华都集团公司育成推广。

（10）北京金鱼。又名宫廷金鱼，由金代起于金鱼池育成并延续培育至今，形成品系纷繁的观赏鱼群。

（11）北京狗。有北京小哈巴狗、北京狮子狗等。

第六节　北京农业的王者

一、北京的古树之王

据北京市林业部门调查，京畿有古树名木 4 万多棵，300 年以上者有 6 000 多棵。树龄最高者近 3 000 年。这里只择录不同树种中的"王者"——树龄在同类中的王者至少应在 400 年以上。

北京作为有 3 060 年的古代都城、重镇，有着众多历经数朝岁月沧桑，至今仍枝繁叶茂、生机盎然的古树。它们记载着北京历史文明的年轮，为名胜古迹遮风挡雨，营造绿荫生态，为千古大地增添着生生不息的活力，被誉为古都的绿色文物，活着的化石，彰显着古都北京的风水宝地、生机与灵性。

1. 柏树之王

国学大师孔子观松柏后曾感悟道："岁寒然后知松柏"。古人视古柏为神柏，有诗云："愿持柏叶寿，长奉万年欢"。古代帝王们暗喻柏树"江山永固，万代千秋"。

北京柏树王现生长在密云区新城子村西小山坡（原关帝庙）上。经考证，此树种植于汉代以前，树龄已接近 3 000 年，树高 25 米，树干周长 7.5 米，至今仍枝叶繁茂，其巨冠可遮阴 600 多平方米，当地人称它为"天棚柏"。据有关部门鉴定，是北京的"古柏之最"。

2. 九龙白皮松

屹立在门头沟区戒台寺小院山门前，其绿冠高达 18 米，遮阴面积

500 多平方米，植于唐代武德年间，至今已 1 300 多年，是已知世界上最古老的白皮松。它有 9 条银白色的巨大枝干犹如 9 条银龙飞舞，又称"九龙松"，守护着戒台寺。

3. 北京银杏王

坐落在密云区巨各庄乡塘子小学内，距今 1 300 多年，是北京地区"古银杏之最"。

4. 潭柘寺帝王树——银杏

相传植于辽代，距今 1 000 多年树龄。据传每有一位皇帝继位，它即自根部长出一个新干，久之与老干渐合，乾隆便封其为"帝王树"。银杏是北京地区一种古老树种被称为本地区的活化石。宋代梅尧臣有诗曰："百岁蟠根地，双阴净梵居。凌云枝已密，似蹼叶非疏"。宋代杨万里诗云："深灰浅火略相遭，小苦微甘韵最高。未必鸡头如鸭脚，不妨银杏伴金桃"。

松、柏、银杏均被称为本地区古老树种传承下来的活化石。

5. 千年古青檀

坐落在昌平区龙凤山脚下檀峪村，树龄至少 3 000 年以上，是北京地区最古老的青檀树。

6. 北京槐树王

坐落在密云区冯家峪乡上峪村长城脚下，距今 2 000 年，树龄是北京地区的"古槐之最"，俗称"槐王"。当地人视其为吉祥昌瑞之树。宋苏轼云："风动槐龙舞交翠"。

7. 延寿寺盘龙松

现保存在昌平区黑山寨延寿寺，树龄 800 年，被称为："中国一绝，国外少有"。

8. 榆树王

坐落在延庆区千家店镇长寿岭村，树龄500年。相传由明成祖北巡时所植，是京郊最古老的榆树，被称为"榆树王"。

9. 酸枣王

坐落在昌平区王庄村，树龄400多年，被誉为"京郊酸枣王"。

"花市酸枣王"坐落在京城花市，树高20米，树干周长6米，树龄近800年，被命名为"北京酸枣树王"。

10. 二乔玉兰花

坐落在门头沟区潭柘寺，植于明代，树龄400多年。玉兰刚劲俊俏，玉洁清秀，被称为"东风第一枝"。有诗云："一树玉兰满庭芳，淡雅素洁玉人妆"。每到初春即彰显"紫气东来"！

11. 古梨树

大兴区庞各庄镇梨花村有金把黄鸭梨万亩，该梨明万历年间曾为贡品，其名"金把黄梨"由万历皇帝亲赐，现尚存一株"贡梨树"树龄400多年，是梨中年岁较长者。房山区琉璃河镇自古以来就有"京南梨乡"之称，现有万亩京白梨大家族主题公园，是一片百年梨树园，树龄最长的在300年以上，最粗的80厘米以上（直径），有老树17 000余株，共计3 000多亩。门头沟区军庄镇种植京白梨已有400多年。

12. 板栗树王

怀柔区九渡河镇有明代栗树10万株之多，最古老的"栗树王"树龄在600年左右。在长城旅游区内有百亩明代栗园，园内古树40余株，其胸径90厘米以上，树龄多在500年以上，最粗的栗树，3～4个人合抱也抱不拢。

怀柔板栗名片

2001年，怀柔被国家林业局认定为"中国板栗之乡"。

2006 年，"怀柔板栗"被国家工商行政管理局认定为原产地证明商标。

2006 年，"怀柔板栗"被国家农业部命名为中国名牌农产品。

2007 年，"怀柔板栗"被国家质量监督检验检疫总局批准为地理标志保护产品。

2007 年，"怀柔板栗"栽培技术被北京市政府列入第二批市级非物质文化遗产。

怀柔区板栗种植面积 28 万亩，栗农 3.5 万户，年产鲜栗 1 200 万千克，收入超 1 亿元。其生产总量、出口量、平均单产均居北京市第一位。有加工企业 6 家，品牌分别为富亿农、栗乡园、栗师傅、恰恰、御食园、红螺食品等。主要国外市场为日本、韩国及欧美。

除了这些活化石之外，北京还有华北地区规模最大、保存最完整的木化石群——延庆千家店镇硅化木群，石龄在距今 1.4 亿~1.8 亿年前的侏罗纪。目前，已发现 57 株，是地质遗迹珍品，可见北京地区数亿年前即有原始森林。硅化木是松柏化石，而至今松柏仍不失是北京地区的常绿树种。

这些王者各领风骚。它们虽是无智无言生物，但在其年轮中则蕴藏着、积淀着时代的华章，印烙着历经沧桑，给观者留下无穷的感悟与抚慰！

二、北京农业的"王"者

前面讲的"树王"是以年龄为准。这里讲的"王者"是以单个产品重量为准。

（1）桃王。平谷区果农种出 1.95 斤的领凤白桃（见《北京日报》2010.8.7）。

（2）鳖（甲鱼）王。延庆区白河堡水库 1 只野生甲鱼长约 37 厘米，宽约 32 厘米，体重 70.95 千克，年龄 40 岁左右（见《北京日报》2011.4.12）。

（3）铁树王。昌平十三陵景区 2 株 80 年的雌雄铁树 2011 年首次开花，花高约 40 厘米，花径 10 厘米（见《北京日报》2011.5.17）。

（4）桃花王（品霞）。北京植物园由"合欢二色桃"与"百花山碧桃"杂交而成，其花型平展，似梅花，花丝白色，花药红褐色，花朵为粉红色，全开时仿佛一片粉色的早霞，花序密集，在桃花中开花又早、花又大，故称为花王（《京郊日报》2010.4.12）。

（5）角瓜"巨无霸"。昌平区南口镇曹庄村农民周福强种植的角瓜 1 个单重 36.5 千克，被称为"巨无霸"　　（见《京郊日报》2010.11.12）。

（6）亚腰葫芦王。延庆区永宁镇西山沟村，2011 年结出 1 个巨型亚腰葫芦，高约 40 厘米，重 6 千克（见《北京日报》2011.9.2）。

（7）冬瓜王。延庆区大庄科乡小庄科农民杜振才 2011 年种出一个冬瓜长 107 厘米，重约 35 千克（《京郊日报》2011.9.2）。

（8）西瓜王。2015 年 5 月大兴区西瓜节上评选出 1994 年西瓜节擂台赛以来最大瓜王，重 83.94 千克，比 2014 年的 43.18 千克的瓜王重了 40.76 千克。该瓜由大兴区庞各庄村镇李家巷村瓜农李凤春培育而成，品种为"京欣"8 号。

（9）南瓜王。大兴区庞各庄镇李家巷村李凤春 2010 年种出巨型南瓜，重 250 千克（见北京青年报》2010.6.2）。

（10）栗蘑王。昌平区长陵镇茂陵村农民李春凤种出一株栗蘑重 9.84 千克（见《京郊日报》，2011.6.11）。

（11）菊王。顺义区牛栏山酒厂职工王玉昆选送的"长风万里"菊花在北京菊花文化节"斗菊"大赛中摘得"菊王"桂冠（见《北京日报》2011.11.17）。

（12）苹果王。昌平区崔村镇真顺村果农赵宝玲种植的1个苹果重532克。八家果园的一株苹果树在区苹果文化节上被评为"树王"（见《京郊日报》2008.10.24）。

（13）鱼王。密云水库2011年捕获一条鲤鱼体长140厘米，胸围80厘米，体重30.5千克，被称为该水库中已捕之鱼中的鱼王（见《北京青年报》2011.9.24）。

（14）黄瓜王。昌平区长陵镇昭陵村李茂真种的黄瓜长50厘米，直径12厘米，单瓜重3.85千克（见《京郊日报》2011.8.11）

（15）超大白灵菇。单个重9.5千克，它由门头沟区妙峰山镇丁家滩村食用菌基地所产（见《京郊日报》2012.2.21）。

第七节　北京郊区县"三宝"

北京郊区县的"三宝"中，有的全为农业或涉农产品，有的则有非农产品。这些既是郊区县活的农业文化，也是发展休闲农业的优质资源。

一、房山三宝

大石窝玉：大石窝镇以汉白玉矿藏丰富闻名于世，其开采加工历史可追溯到战国燕时，且品种多，质地优良，北京皇家园林所用的石料多采自大石窝，被称为"汉白玉之乡"，至今仍在开采。

长沟米：长沟镇地处燕山脚下的山前暖区，土地肥沃，水源丰富，气候条件独特。早在明清时期，所产"清水稻"即因其米质柔软丰腴、洁白如玉而作为贡米为宫廷御用，且有"九蒸九晒如初"之说。

良乡板栗：良乡板栗具有上千年的历史，多产在金陵所处的大房山一带（金代属良乡），其特点是个儿小，壳薄易剥，果肉细，含糖量高，是上好的滋补品。

二、门头沟三宝

妙峰山玫瑰：妙峰山的玫瑰花具有花型大、颜色深、花瓣厚、香味浓、含油高的特点，自宋代至今已繁殖数千亩，堪称"华北一绝"，有"玫瑰之乡"的美称。

斋堂煤：门头沟素有"北京煤源"之称，煤质上乘，储藏量大，自古为京城的主要能源，其中斋堂一带是煤炭开采历史较早的地区，已有数百年的历史。

军庄京白梨：军庄镇的京白梨早在清代就成为上等果品进贡朝廷，其果实扁圆，呈金黄色，皮薄肉厚，味道酸甜，有浓厚的香味，颇受人们的青睐。

三、昌平三宝

十三陵柿子：十三陵柿子因其形如盖帽，果实基部又像磨盘，故称"大磨盘柿"，不但个儿大味甜，冬季放软后，皮软、果汁甜浓，俗称"喝了蜜"，明代为皇陵贡品。

西峰山枣：流村镇西峰山的小枣也有几百年的历史，其果皮薄，光滑且有光泽，果肉为白色，味道极其鲜美诱人。

果庄山黄杏：十三陵镇果庄一带的山黄杏，又称金玉杏，已有上百年的栽培历史，以其果大、肉厚、味酸甜，既可鲜食又宜加工而著称。

四、延庆三宝

妫河鱼：有延庆"母亲河"之称的妫水河盛产鲤鱼，故称"妫鱼"，头小身大，"味极肥美，他地无"，尤其是春天开河鱼，更加鲜美细嫩，是延庆一道著名美食。

永宁豆腐：永宁豆腐从汉代起就有记载，自明代起塞外就流传着"南京到北京，要吃豆腐到永宁"，清朝成为宫廷贡品，曾经有过家家户户做豆腐的历史，以其独特的制作工艺、丰富的营养价值一直流传至今。

八达岭御酒：历史上延庆盛产高粱，所以酿酒历史悠久，特别是从清泉堡经永宁到新华营有一条地下水线，水质清香，以其酿酒，酒味清香、甘洌醇厚，因延庆以八达岭而著名，故称"八达岭御酒"。

五、顺义三宝

东府稻米：北小营镇东府一带所产的稻米，清代为宫廷贡米，因色纯白，晶莹透明，粒长大且饱满而俗称"大白王"，又因其可连续蒸煮三次不变形而称"三伸腰"，熟后性黏而浓香。

李遂熏肉：李遂熏肉是京东传统熟猪肉制品，制作工艺独到，品种繁多，色泽美观，味道独特，远在清嘉庆年间就名扬京城。

红铜营烤烟：赵全营镇红铜营的烤烟实为晒烟，其品味类似烤烟，味道醇厚，口感柔适，灰白火亮，新中国成立前在京城久负盛名，而今少有种植。

六、怀柔三宝

板栗：怀柔栽培板栗历史悠久，早在明朝时，皇家在祭祀时就用怀柔板栗做供品。其含糖量高，香甜可口，京城著名的糖炒栗子多以此为原料。

杏仁：怀柔北部山区多杏树，其杏仁味甘且清脆，营养丰富，具有止咳平喘，润肠通便的作用，是京城颇受青睐的干果。

虹鳟鱼：怀柔山泉众多且水温较低，十分适合虹鳟鱼、鲟鱼等冷水鱼生长。特别是虹鳟鱼，以肉质细嫩、味道鲜美著称，如今仍是怀柔最有特色的美食。

七、密云三宝

黄土坎鸭梨：不老屯镇黄土坎的鸭梨已有600多年的历史，素有"梨中之王"的美誉。果体硕大、果核细小、果皮金黄、肉厚酥脆、味美香醇。

坟庄核桃：西田各庄镇坟庄的核桃树种植历史悠久，在清代就是皇家的贡品，具有个儿大，皮儿薄，味道纯正，嚼起来香脆适口，过夏不生虫等特点。

西田各庄枣：西田各庄的金丝小枣以核儿小，果皮薄，果汁多，味道甜而驰名京城。既可鲜食，也可晒制干枣。干枣肉厚且富有弹性，剥开果肉可拉出许多金黄色的糖丝，故称"金丝小枣"。

八、平谷三宝

井儿峪柿子：王辛庄镇井儿峪所产柿子，果肉淡黄色，味甜多汁，无核、肉软、易脱涩，以色、形、味俱佳闻名。

苏子峪蜜枣：大华山镇苏子峪的蜜枣，清初便开始种植，已有300多年的历史，其果皮薄，果肉致密且脆甜，品质上乘，曾是宫中的御用果品。

砖瓦窑红肖梨：大华山镇砖瓦窑村的红肖梨个儿大、肉厚、色鲜、味甜，也曾是清宫御用果品，有"御果园"的美称。

九、通州三宝

大顺斋糖火烧：大顺斋的糖火烧距今已有370多年的历史，因其制作时用缸做成炉子，将烧饼生坯直接贴在缸壁上烤熟而得名。其口感酥绵松软，甜而不腻，开胃生津。

小楼烧鲇鱼：小楼的烧鲇鱼制法讲究，只用鲇鱼中段，或连刀，或切块，用纯绿豆淀粉裹衣，经过三炖三烤，然后拌入辅料，溜炒勾芡后出勺。其色泽金黄，外焦里嫩，味美可口。

万通酱豆腐：万通酱园的酱豆腐是从浙江绍兴采购坯料，通过运河到达通州后再加工而成。其特点是腐质细润，芳香扑鼻，早年间曾以摄入的美味而红极一时，享誉京畿。

十、大兴三宝

庞各庄西瓜：大兴区种植西瓜的历史已有600多年，早在元代就成为宫中御用果品，不但种植面积大且品种多，皮薄而坚韧，瓤色鲜红柔和，肉质脆且沙，在京津一带颇负盛名。

醉流霞白酒：醉流霞白酒是黄村镇的特产，酒液清澈透明，酒体醇厚，绵甜爽净，余味悠长，有"中国历史文化名酒"之称。

李营白水羊头肉：黄村镇李营白水羊头在制作工艺、作料配制上都有独特之处，以其选料精、涮洗干净、刀工细腻、大刀薄片、味道醇厚、色泽洁白、清脆利口，醇香浓郁，脆嫩清鲜著称。

第八节　涉及北京农业的文献典籍

据不完全收集，涉及北京农业的文献典籍有：

一、古代典籍

（1）《周礼·职方》（距今 2 000 多年）。

（2）［春秋］《左传》。

（3）《山海经》。

（4）《尔雅》。

（5）［春秋战国］吕不韦《吕氏春秋》。

（6）［春秋战国］崔寔《四民月令》。

（7）［西汉］《氾胜之书》。

（8）［西汉］司马迁《史记》。

（9）［西汉］刘向《战国策》。

（10）［三国］陆玑《毛诗草木鸟兽虫鱼疏》。

（11）［西晋］王浮《神异记》。

（12）［南北朝］《后汉书·张堪传》。

（13）［北魏］郦道元《水经注·鲍丘水》。

（14）［北魏］贾思勰《齐民要术》。

（15）［唐］贾公彦《周礼义疏》。

（16）［唐］《北齐书·附子羡传》。

（17）［唐］《北齐书·斛律金附子羡传》。

（18）［唐］《隋书·食货志》。

（19）［唐］《农桑辑要》。

（20）［北宋］王钦若等《册府元龟》。

（21）［南宋］叶隆礼《契丹国志》。

（22）［宋］宇文懋昭撰《大金国志》。

（23）［宋］王祯《王祯农书》。

（24）［宋］陈旉《农书》。

（25）［宋］陈景沂《全芳备祖》。

（26）［金］赵秉文《滏水集·梁公墓铭》。

（27）［元］扶宾梦祥《析津志》。

（28）［元］脱脱《辽史·兴宗纪》。

（29）［元］脱脱《辽史·百官志》。

（30）［元］脱脱《金史·食货志》。

（31）［元］苏天爵《滋溪文稿》。

（32）［元］揭侯斯《揭文安公全集》。

（33）［元］熊梦祥《松云见闻录》。

（34）［元］札马剌丁等编撰《元一统志》。

（35）［明］徐光啟《农政全书》。

（36）［明］《畿辅旧志》。

（37）［明］陆启浤《客燕杂记》。

（38）［明］史玄《旧京遗事》。

（39）［明］李东阳等《大明会典》。

（40）［明］王嘉谟《蓟丘集》。

（41）［明］宋濂等《元史·世祖本纪》。

（42）［明］董伦等修《明太祖实录》。

（43）［明］杨士聪《玉堂荟记》。

（44）［明］《宛平县志》。

（45）［明］沈应文等《顺天府志》。

（46）［明］徐昌祚《燕山丛录》。

（47）［明］徐贞明《潞水客谈》。

（48）［明］王世懋《学圃余疏》。

（49）［明］宋濂等《元史·郭守敬》。

（50）［明］王象晋《群芳谱》。

（51）［明］刘侗、于奕正《帝京景物略》。

（52）［明末清初］周篔《析津日记》。

（53）［明末清初］孙承泽《春明梦余录》。

（54）［清］张廷玉等《明史·左光斗传》。

（55）［清］《魏书·裴延儁传》。

（56）［清］高士其《金鳌退食笔记》。

（57）［清］《燕京杂记》。

（58）［清］吴敏中《日下旧闻考》。

（59）［清］麟庆《鸿雪因缘图记》。

（60）［清］富察敦崇《燕京岁时记》。

（61）［清］赵翼《陔余丛考》。

（62）［清］万清黎等《顺天府志》。

（63）［清］潘荣陛《帝京岁时纪胜》。

（64）［清］吴长元《宸垣识略》。

（65）［清］（康熙三年）《房山县志》。

（66）［清］（乾隆）张世法修纂《房山县志》。

（67）［清］（康熙）王养濂修《宛平县志》。

（68）［清］《昌平县志》。

（69）［清］《康熙几暇格物编》。

（70）［清］吴邦庆《泽农要录》。

（71）［清］吴履福等修《光绪昌平州志》。

（72）［清］郭兰皋《晒书堂笔录》。

（73）［清］张茂节《大兴县志·物产考》。

（74）［清］《清圣祖实录》。

（75）《旧都文物略》。

（76）《石雍记》。

二、农史类书籍

（77）《中国近代农业史资料》（章有义，1957）。

（78）《中国农学史》（初稿上下）（1984）。

（79）《中国畜牧史料集》（1986）。

（80）《中国农业之最》（艾力农等，1988）。

（81）《中国古代农业科学技术史图说》（1989）。

（82）《中国农业科学技术史稿》（梁家勉，1989）。

（83）《中国农业发展史》（阎万英等，1993）。

（84）《中国林业科学技术史》（熊大桐，1995）。

（85）《中国近代农业科学技术稿》（1996）。

（86）《百年农经（1905—2005）》（1、2册，王秀清等，2005）。

（87）《中国农业通史》（从原始社会到明清分卷本，2007—2009）。

（88）《中国农耕文化》（2012）。

三、北京农业志

（89）北京种植业志。

（90）北京林业志。

（91）北京畜牧业志。

（92）北京水产志。

（93）北京国营农场志。

（94）北京农业机械志。

（95）北京水利志。

（96）北京气象志。

（97）北京果树志（曲泽洲，1990）。

（98）北京鸟类志。

（99）北京鱼类志。

（100）平谷桃志。

（101）北京科学技术志。

四、北京区县志

（102）海淀区志。

（103）丰台区志。

（104）朝阳区志。

（105）大兴区志。

（106）通县志。

（107）顺义县志。

（108）怀柔县志。

（109）平谷县志。

（110）密云区志。

（111）昌平县志。

（112）延庆县志。

（113）门头区志。

（114）房山区志。

五、北京百科全书

（115）北京百科全书：西城卷。

（116）北京百科全书：宣武卷。

（117）北京百科全书：崇文卷。

（118）北京百科全书：海淀卷。

（119）北京百科全书：丰台卷。

（120）北京百科全书：朝阳卷。

（121）北京百科全书：石景山卷。

（122）北京百科全书：门头沟卷。

（123）北京百科全书：房山卷。

（124）北京百科全书：大兴卷。

（125）北京百科全书：通州卷。

（126）北京百科全书：顺义卷。

（127）北京百科全书：平谷卷。

（128）北京百科全书：密云卷。

（129）北京百科全书：怀柔卷。

（130）北京百科全书：昌平卷。

（131）北京百科全书：延庆卷。

（132）北京古镇图志：海淀。

（133）北京古镇图志：张家湾。

（134）北京古镇图志：古北口。

（135）北京古镇图志：不老屯。

（136）北京古镇图志：南口。

（137）北京古镇图志：良乡。

（138）北京古镇图志：琉璃河。

（139）北京古镇图志：斋堂。

（140）北京古镇图志：永宁。

（141）北京古镇图志：沙河。

六、北京乡（镇）村史（志）

（142）大华山镇志（平谷区）。

（143）京畿古镇长沟（上下）（房山区）。

（144）大榆树（镇）（延庆）京西北第一镇张山营（延庆）。

（145）瓜乡春韵（上下）（大兴庞各庄镇）。

（146）喇叭沟门（怀柔）。

（147）千年古镇漷县（通州区）。

（148）百善村史活（昌平区）。

（149）里炮村（延庆区）。

（150）梨花村（大兴区）。

（151）京西大地

七、北京农业现代书籍（部分）

（152）《中国系统鲤类志》（张春霖，1959）。

（153）《北京市主要蔬菜品种介绍》（北京市农科所，1973）。

（154）《北京鸭》（1976）。

（155）《北京水稻栽培》（1977）。

（156）《北京棉花栽培》（1977）。

（157）《北京史话》（侯仁之等，1980）。

（158）《北京史论文集》（北京史研究会，1980—1982）。

（159）《北京经济史话》（杨法运等，1984）。

（160）《环境变迁研究》（第一辑，侯仁之，1984）。

（161）《北京蔬菜栽培》（上、下册，吴景崇等，1986）。

（162）《西瓜地膜覆盖栽培》（张一帆，1986）。

（163）《北京市农业资源与区划图集》（北京市农业区划委员会办公室，1988）。

（164）《农业技术推广研究》（张一帆，1989）。

（165）《北京山区野生经济植物资源手册》（北京市农村经济研究中心 北京市农业区划委员会办公室合编，1990）。

（166）《燕都丛考》（陈宗蕃，1991）。

（167）《京华旧事存真》（苏天均，1992）。

（168）北京市综合农业区划（北京市农业区划委员会办公室，北京市农林科学院综合所，1992）。

（169）《北京农业生产纪事》（北京市农业局史志办公室，1993）。

（170）《北京通史》（1~10卷，曹子西，1994）。

（171）《现代化吨粮技术与实践》（宋秉彝，1995）。

（172）《北京古代经济史》（孙健，1996）。

（173）《论京郊农村经济》（白有光，1996）。

（174）《北京农业经济史》（于德源，1998）。

（175）《北京市志稿》（吴廷燮等，1998）。

（176）《辉煌五十年·北京》（1999）。

（177）《中国农业全书·北京卷》（1999）。

（178）《首都林业五十年（1949—1999）》（北京市林业局，1999）。

（179）《北京经济发展五十年》（谭维克，1999）。

（180）《北京五十年纪实》（当代北京史研究会，1999）。

（181）《华北的小农经济与社会变迁》（黄宗智，2000）。

（182）《北京农业名特资源荟萃》（张一帆等，2000）。

（183）《北京市森林资源价值》（周冰冰等，2000）。

（184）《北京农村改革发展60年大事记（1949—2009）》（北京市农村经济研究中心，2000）。

（185）《观光农业发展的理论与实践》（贺东升等，2001）。

（186）《北京种业五十年》（北京市种子管理站，2003）。

（187）《当代北京大事记（1949—2003）》（2003）。

（188）《山水中国（北京卷）》（上下，段宝林等，2005）。

（189）《房山自然资源与环境》（王淑玲，2004）。

（190）《北京名果》（闪崇辉，2004）。

（191）《北京旧事》（余钊，2006）。

（192）《中国栗文化》（赵丰才，2006）。

（193）《山水北京》（王永昌，2007）。

（194）《生态北京》（王永昌，2007）。

（195）《北京都市型现代农业理论与实践》（程贤禄，2007）。

（196）《古都北京》（朱祖希，2007）。

（197）《园林北京》（朱祖希，2007）。

（198）《北京古树神韵》（牛有成等，2008）。

（199）《北京史通论》（于德源，2008）。

（200）　《北京乡村农业品牌集锦》　（北京市农村工作委员会，2008）。

（201）《丰富多彩的北京生物多样性》（季延寿等，2008）。

（202）《北京珍稀濒危及常见野生植物》（2008）。

（203）《北京森林植物图谱》（王小平等，2008）。

（204）《北京山地植物和植被保护研究》（崔国发，2008）。

（205）《北京建置沿革史》（尹钧科，2008）。

（206）《北京魅力》（王东等，2008）。

（207）《农本论》（张秋锦等，2008）。

（208）《北京农村经济综合志》，2008

（209）《北京市农村产业发展报告》（北京农村工作委员会，2008，2009，2010）。

（210）《北京特色农产品资源开发与利用研究》（张一帆等，2009）。

（211）《循环农业》（张一帆等，2009）。

（212）《观光果园建设理论·实践与鉴赏》（姚允聪等，2009）。

（213）《首都农业改革发展三十年》（北京市农业局，2009）。

（214）《林下经济理论与实践》（李金海，2009）。

（215）《首都农业改革发展三十年》（北京市农业局，2009年）。

（216）《北京史》（张仁忠，2009）。

（217）《中国金鱼鉴赏与文化》（殷守仁，2010）。

（218）《北京沟域经济理论与实践》（王有年，2010）。

（219）《北京湿地植物研究》（雷霆，2010）。

（220）《创意农业的渊源及现实中的创新业态》（张一帆等，2010）。

（221）《北京：走向世界城市》（金元浦，2010）。

（222）《北京走向世界城市农业当伴行》（张一帆，2010）。

（223）《从幽燕都会到中华国都》（韩光辉，2011）。

（224）《古今农业诗文选》（张一帆等，2011）。

（225）《北京商业史》（齐大芝，2011）。

（226）《北京手工业史》（章永俊，2011）。

（227）《北京农业上下一万年追踪》（张一帆等，2012）。

（228）《北京农村年鉴 2001—2012》

（229）《北京农田景观建设》（王俊英等，2012）。

（230）《北京森林植物多样性分布与保护管理》（李景文等，2012）。

（231）《北京地区蔬菜行业发展》（张平真，2013）。

（232）《北京市休闲农业与乡村旅游发展报告》（北京市农工委等，2013）。

（233）《北京市农业高端产业发展路径探索》（龚晶等，2013）。

（234）《生态文明与土肥发道路》（赵永志等 2013）。

（235）《当代北京大事记（2003—2012）》（2014）。

（236）《北京都市型现代农业现状分析经验借鉴与路径探索》（龚晶等，2014）。

（237）《笔墨春秋》（张一帆，农业论文集，2014）。

（238）《北京农业的星光神韵》（张一帆等，2014）。

（239）《人类文明的圣殿 北京》（王光镐，2014）。

（240）《智慧土壤建设方法研究与实践探索》（赵永志，2014）。

（241）《北京小麦高产指标化栽培技术》（王俊英，2014）。

（242）《北京玉米栽培 65 年技术创新与发展》（宋惠欣，2015）。

（243）《北京古近代农村经济》（张一帆，2015）。

（244）《北京现代农业建设的理论与实践》（王爱玲等，2015）。

第七章　北京的现代农业

第一节　北京现代农业中的新概念

一、业态新概念

20世纪90年代出现的业态新概念如下。

1. 白色农业

此概念是由钱学森先生生前提出的"三色农业——白色农业（微生物产业）、蓝色农业（海洋产业）、绿色农业（即通常农业及沙产业）"之一。后中国农业科学院的包建中先生与延庆区环保局于1995年8月合作建立起白色农业研究所，开始白色农业（微生物产业）的探索研究与开发。

2. 都市农业

1994年，北京市朝阳区首次提出发展"都市农业"，并制订出发展规划，建立起北京首家观光农业园——朝来农艺园。

3. 观光农业

由北京市农村经济研究中心发起，并成立了"北京观光农业协会"，负责开展观光农业园的评定工作。因其符合城乡经济体制改革和农业结构调整的需求，受到很多农民欢迎。1997—2008年，全市农村共建成各种形式的观光农业园 1 332 个。全年民俗旅游和农业观光园共接待游客 2 703.8 万人次，乡村旅游收入达 19 亿元。

4. 籽种农业

1997 年，市政府提出发展"六种农业（籽种农业、精品农业、设施农业、加工农业、观光农业、创汇农业）"作为农业结构调整的切入点和推进农业现代化的重要途径，其中之一就是籽种农业——这是首都的科技优势所在。

种质资源优势：有国家级在京的农业种质资源 40.18 万种；北京市农林科学院拥有粮、菜果等 5 万多种；北京地区有中药材种质资源 1 641 种；菊花种质资源 2 327 种；家养动物种质资源 169 种；鱼类种质资源 40 多种；具有绿化美化价值的乡土植物资源 191 种等。

科研优势：有科研院所 20 家，开展育种研究的大学 12 家。

企业优势：拥有籽种经营企业 1 361 家，其中，有初级发证企业 28 家、市级发证企业 64 家。全国种业十强企业中本地区占 4 家，全球十强企业中有 8 家在北京建有研发或分支机构。

市场优势：面向全国，走向世界；既是对外窗口，又是内外交流、交易中心。

5. 创汇农业

与籽种农业一起均于 1997 年由市政府提出，其提法与形态一直流行于京郊。

1999 年，"六种农业"创造产值达 93 亿元，占大农业总产值的 34.5%。

6. 都市型现代农业

2004 年，北京市农委委员张贵忠发表了《关于加快发展本市都市型现代农业的几点思考》。文章认为"在新形势下，发展都市型现代农业，对促进城乡统筹协调发展，重新架构农业、农村、农民与现代化大都市的新型关系，对优化城乡结构、优化农业产业结构、提升城乡现代化水平、实现城乡和谐发展，都具有重要的战略意义和现实意义"（《北京农村年鉴》2005）。

2005 年，北京市农村工作委员会印发《关于加快发展都市型现代农业的指导意见》，将其内涵界定为"是指依托都市的辐射。按照都市的需求，运用现代化手段，建设融生产性、生活性、生态性于一体的现代化大农业系统"。它的总体目标是"实现郊区农业单一功能向多功能转变，加快和实现农业由单一生产型向生产、生活和生态型多功能转变，使农业发展和城市发展相互依托，共同发展；实现城郊型农业向都市型现代农业转变，运用现代手段，提升农业的综合生产能力，提升农业的现代化水平；实现郊区农业由粗放型向集约型农业转变，鼓励内涵或可持续发展，加快郊区农业向组织化、专业化、标准化转变；实现由注重生产向注向市场领域转变，由过去单一关注生产、以产定销的生产方式，向以市场为导向，以销定产的方式转变"。

都市型现代农业的五圈布局：一是以景观农业和会展农业为主的城市农业发展圈，大体包括两个城区和部分近郊区；二是以精品农业和休闲农业为主的近郊农业发展圈，大体包括六环路以内的城近郊区；三是以规模化的产品农业和加工农业为主的远郊平原农业发展圈，大体包括远郊平原及浅山区；四是以特色农业和生态农业为主的山区生态涵养发展圈，大体包括北部、西部和西南部山区；五是以与外埠基地横向联系的合作农业发展圈，大体包括北京周边地区（见《北京农村年鉴》2006）。

7. 循环农业

循环农业之母是循环经济，源于国外，萌芽于 20 世纪 60 年代，迅速发展于 90 年代。德、日、美率先"发展循环型经济，建立循环型社会"。我国政府于 1998 年引入循环经济概念，直到 2006 年中共中央 1 号文件中首次明确提出"在新农村建设中要大力发展循环农业"。2006 年，北京市把发展循环农业纳入当年出台的《关于发展都市型现代农业的若干意见》中进行组织实施。2007 年 1 月，农业部启动"循环农业促进行动"。

8. 科技农业

科技农业在本市首次出现于《关于发展都市型现代农业若干意见》之中。它的本质就是让科技在农业生产全过程中发挥"第一生产力"的作用。正如马克思在《机器·自然力和科学的应用》中所指出的："生产过程成了科学的应用，而科学反过来成了生产过程的因素即所谓职能"。

鉴于这种概念具有很强的"科学的模糊性"，操作者难以理解，认知者亦难以把握，故实践中波澜不惊。

9. 景观农业与会展农业

景观农业和会展农业在北京地区皆出于 2007 年《关于农业产业布局的指导意见》（京政农发〔2007〕25 号文），是作为"城市农业发展圈"中 2 项重点发展内容而提出的。之后，北京市农业技术推广站专门成立"景观农业"室来从事景观农业技术的研究与推广工作。会展农业已吸引着世界农业大会和展览会扎堆儿北京召开。粗略统计，仅 2001—2010 年，在京召开的涉农国际会议或论坛有 24 次，举办的涉农会展有 55 次。2010 年 6 月 28—30 日，北京农业展览馆举办了"北京国际现代农业展览会"。之后年年有涉外农业会展。2014 年就举办了世界种子大会、葡萄大会、第二届农业嘉年华、国际食用菌大会等；2015 年陆续举办了北京世界马铃薯大会、第六届世界生态农业大会、第十七届国际桃花音乐节、第四届中国兰花大会、第三届北京农业嘉年华、第二十七届国际北京大兴西瓜节；2016年又迎来"月季花"博览会。

世界级农业大会扎堆儿北京开

北京日报记者　王海燕讯

不是农业大省，也从未举办过国际农业会展，可世界级农业大会如今却在北京扎上了堆儿。请看时间表。

2012年，昌平举办第7届世界草莓大会。

2012年，通州举办第18届国际食用菌大会。

2014年，延庆举办第11届世界葡萄大会。

2014年，丰台举办第75届世界种子大会。

除了以上4个世界级农业大会，第44届国际养蜂大会也在紧锣密鼓地申办中，若申办成功将于2015年在密云区召开。

世界级农业大会缘何扎堆儿北京？

"展现农业科技发展水平，北京有这个实力。"

北京是典型的"大城市，小郊区"，人均耕地仅有全国平均水平的1/10。近年来，北京坚持走都市型现代农业发展道路，十分注重科技在农业生产中的示范带动作用。再加上中国农业大学、中国农业科学院等44家国家级和市级涉农高校、科研院所聚集在北京，更为京郊农业科技创新提供了强有力的支持。

而世界级农业大会的召开，也为北京都市型现代农业发展带来了新的契机。

为迎接世界葡萄大会，一场葡萄大会战正在延庆展开。种葡萄、盖酒庄、建葡萄主题公园……到2014年，延庆区的葡萄种植面积将从1.7万亩增加到6万亩；品种从几十种增加到上千种；葡萄酒庄从1家增加到30家，并建成一条集种植、酿酒、交易、旅游为一体的"葡萄产业沟"。

世界级农业大会扎堆儿北京，无形中还加速了世界先进要素向北京聚集。以昌平举办世界草莓大会为例，有60多个国家（地区）的1 000余名草莓专家到北京交流草莓种植技术。以草莓大会为号召，目前已经有来自美国、西班牙、日本等多个国家的草莓育种企业入驻昌平。这些种苗企业带来的120多个世界优质草莓品种也得以在昌平扎根、繁衍。

"不仅仅是技术上的交流，世界级农业大会还将是国际农业贸易的交流平台，北京形象的展示平台。借助世界级农业大会的窗口，北京农业将代表中国，走向世界"。

10. 创意农业

2005年12月，北京市委九届十一次全会提出发展创意产业；2009年12月农业部农产品加工局与北京市农委联合举办了"中国（北京）创意农业论坛"，由此，揭开了创意农业的序幕。同年，北京市农业局提出要"积极探索推动……创意农业发展，拓展都市型现代农业的内涵，丰富都市型现代农业的内容"。早在1997年，当时的英国首相布莱尔提出"创意产业"的概念，1998年正式出台了《英国创意产业路径文件》，并率先界定其定义："是指源于个体创意、技巧及才华，通过知识产权的开发与运用，具有创造潜力在财富和就业机会的产业。"从此，以文化艺术为核心的创意产业（包括农业）在全球快速发展起来。目前，全世界创意产业每天创造产值达220亿美元，并以年平均5%的速度递增。

11. 精准农业

20世纪80年代初，美国提出"精准农业"的概念并实践，基本含义是指把农业技术措施的差异从地块水平精确到平方米水平的一套综合农业管理技术。其依托是"3S"技术，即卫星全球定位系统（GPS）、遥感技术（RS）、地理信息技术（GIS）及计算机控制定位定量系统。

精准农业在本市乃至全国首倡并提供科技支撑的是北京市农林科学院农业信息技术研究中心。

12. 分子农业

20世纪90年代出现的"分子农业"——是"以转基因植物为基础,综合利用现代农业技术和生物技术手段,大规模生产出稀有和高价值产品的农业"（时任北京市农林科学院生物技术研究中心主任马荣才）。据世界粮农组织的预测,21世纪全球动物农业90%的品种都将通过分子育种提供,而品种对整个动物生产的贡献率将达到15%以上。

13. 生态农业

生态农业是指在生态学理论与实践指导下进行的,维护良好的生态环境与良好的经济效益、社会效益的农业。这虽是个新概念,却有着古老的实践,中国江浙一带传统的桑基鱼塘、稻田养鸭等即是生态农业的典范。新提出的生态农业更注重科技对生态的支撑作用。北京市大兴区留民营村早在20世纪80年代在市环保所的合作下进行了种养业废弃物综合循环实践,秸秆喂牛→（粪便）制沼气→沼气入户当燃料,沼液、沼渣进地肥田,建立了本市首个生态村,被联合国环境规划署认定为世界500个生态村之一。

14. 节约型农业

这是进入21世纪后不久由农业部提出的农业新概念,核心是倡导节地（种满种严）、节水（发展节水灌溉）、节种（实行选种、精量播种）、节肥（增施有机肥、测土配方施用化肥）、节药（预防为主,综合防治病虫害,发展生物防治,减少化学农业药使用量）、节能（秸秆还田,推行保护性耕作法）等。这"六节"既节省（约）资源、资金、劳动力,又有利于保护环境,维护生态平衡。

15. 数字农业

1997年,美国科学院、工程院正式提出"数字农业"的概念。

1998年，时任美国副总统的戈尔把"数字农业"定义为"数字地球与智能农机技术相结合产生的农业生产和管理技术"①。1998年起，北京市农林科学院在小汤山现代农业科技示范园区开始"数字农业"的探索与研究，并取得国内领先成果，实现了谷物产量、水分的在线测量，田间作物信息的采集，RS监测作物长势、水分、病虫草害和环境监测等功能（段延娥，2010）。2000年，国家发布的《农业科技发展纲要》中，将数字农业放在农业信息技术的首位。北京市农林科学院的数字农业研究已推向国内许多省市，并渗入园艺业。

16. 智慧农业

这是本市现代农业中新兴的概念，它是随着互联网技术的出现及其在农业中应用而兴起的。智慧农业是智慧经济形态在农业中的具体表现，是智慧经济重要的组成部分。智慧农业是集新兴的互联网、移动互联网、云计算机和互联网技术为一体，依托部署在农业生产现场的各种传感节点（环境温湿度、土壤水分、二氧化碳、图像等）和无线通信网络实现农业生产环境的智能感知、智能预警、智能决策、智能分析、专家在线指导，为农业生产提供精准化种植、可视化管理以及智能化决策。

就目前而言，智慧农业尚更多地处于理性研究阶段。按照知识经济理论展望其发展前景应是乐观的。

17. 低碳农业

该概念首先由英国人于2003年提出，其本义是高效率、低能耗、低排放和高碳汇的农业。农业是大气中温室气体的重要来源之一。据IPCC（政府间气候变化专门委员会）第四次研究报告，农业源温室气

---

① 赵永志等. 数字土肥建设为原理方法与实践［M］. 中国农业出版社，2012

体排放占世界排放总量的 13.5%。低碳农业被称为石油农业之后的一次农业革命，与生态农业、循环农业一起构成农业第二次现代化的基本内涵。

低碳农业并不一定是自成一体的农业业态。它是人类降低农业温室效应的概称，生态农业、循环农业等其本质是低碳农业，节约型农业亦是。但它们又不仅仅是"低碳"，还有各自的特色，故不能概称低碳农业。

18. 品牌农业

品牌农业是一种文化品位的提升，彰显一个地域内农业整体的质量与效益及信誉。京郊够得上品牌农业的有顺义区的顺鑫农业、平谷大桃、张坊磨盘柿、大兴西瓜、怀柔板栗、昌平苹果等。

二、农事新概念

1. 高产创建

从 2008 年起，农业部提倡各地开展农业高产创建活动，北京市业积极响应，主要是粮食和蔬菜的高产创建。据《京郊日报》2011 年 10 月 13 日报道，高产创建中小麦最高亩产 580.5 千克，玉米最高亩产 1 100 千克。大兴区东段家务村张海江的春大棚番茄亩产达11 043千克。2011—2012 年冬小麦高产创建示范点 20 个，总面积 10 110 亩，平均亩产 483 千克，比全市平均亩产高 6.7%。其中，窦店示范点亩产达 604.8 千克，每千克肥料产出小麦 14.3 千克，每立方米灌水产出小麦 2.2 千克，每立方米耗水产小麦 1.8 千克；顺义区东江头村亩产达 610.1 千克，每千克肥料产出小麦 16.8 千克，每立方米灌水产出小麦 2.7 千克，每立方米耗水产出小麦 2.0 千克。

2011—2012 年番茄（日光温室越冬）高产创建示范点 13 个，总面

积 11.9 亩，平均亩产 10 993 千克，比全市平均亩产 5 876 千克，增产
25.8%。2008—2012 年平均亩产 9 295 千克，比全市（亩产为 5 523 千
克）高 18.3%。

2011—2012 年日光温室黄瓜（越冬）高产创建示范点 13 个，总面
积 11.13 亩，平均亩产 15 607.5 千克，比全市（亩产 6 613 千克）高
26.4%。2008—2012 年平均亩产 12 848.6 千克，比全市（亩产 6 273 千
克）高 19.9%。

2. 科教兴农

这是 1987 年国务院在"加速农业科技成果转化，促进农业振兴"
一文中提出的，时称"科技兴农"。之后因教育部门参与，便演变为
"科教兴农"。其本质含义就是依靠科技进步和提高劳动者的科学文化
素质，从而提高农业的综合生产能力或振兴农业。科教兴农已成为我
国农业发展中的战略举措。

3. 沃土工程

这是农业部倡导的一项培养地力的农事新概念，它倡导运用现代
科技和相应的物质改善土壤结构、培肥地力，保持地力"常新壮"。

4. 科技套餐配送

这是北京市科协于 2007 年在科协系统面向郊区服务中提出的一种
科技服务新模式。这种科技服务模式面向农村经济建设主战场，实行
专家与农户直面对接服务，并送科技进村、入户、下地。

5. 测土配方施肥

这曾是一项技术，普及之后就成为种植业生产中的一项农事。它
是通过检测土壤中的水分状况、营养状况，并按照生产目标要求与苗
情状况，制订合理的施肥方案，按配方予以施用。这样做既能满足作
物生长发育需要，又可节约和科学合理的施用肥料，保障环境安全。

6. 养山富民

过去从政府到山村，人们都讲"靠山吃山"。这样天长日久就会出现"坐吃山空"。事实上也正是如此。过去上山砍柴、挖草药、开山种田、放羊啃荒等，长此以往山场遭到破坏，造成水土流失。现在植树种草，封山育林，山里人看护山林安全，获得工资性的护林收入。这是"养山富民"。

7. 沟域经济

山区山多沟多，沟沟相连，构成沟域。过去，人们对沟域资源注意不够，多由农民自己能种点什么就种点什么或养点什么。

直到21世纪初（2007年），北京提出发展"沟域经济"，并首推7条沟。以沟域为单位集生态涵养、旅游观光、特色产业和人文价值于一体的沟域经济，成为本市首创的一种独特经济形态，受到山区农民欢迎。一些曾经的"穷山沟"如今变成了"不夜谷""经济走廊""度假胜地""栗花沟""汤泉香谷"等"金沟银河"。

8. 林下经济

过去造林建果园都是清一色的树林或果园。在幼树时大片裸露农田任由风吹雨打，土地资源利用率低、收益晚。在林地或幼龄果园内试验种植矮秆粮油作物、菜、药材、食用菌等或者散养鸡，取得成功，不仅利用了林地行间土地与空间资源，增加了经济收入，还改善了林木或果树的生长环境。

9. 农业观光园

农业观光园是观光农业的载体，从20世纪90年代中后期观光农业萌芽起，就出现了农业观光园。到2008年，全市实际经营的观光农业园发展到1 332个，它们已成为连接城乡、促进城乡居民交流的主要桥梁和乡村农民致富的主要财源。

10. 科技入户

科技入户是农业技术推广工作改进作风、提高科技普及率的有效办法，彻底打破了过去一般号召和靠行政手段推广农业技术的做法。这是 21 世纪初出现的新农事。农技推广人员在一般号召的基础上，再深入重点农村、农户传授、推广农业技术，帮助他们提高科学种田、养殖水平。

11. 人工集雨

从 20 世纪 70 年代以来，北京地区一直干旱缺水。为了保证农业丰收，人们在创造节水灌溉、发展节水农业的同时，还创造了人工集雨工程。在山区，沿坡地边缘，挖集纳雨水的坑塘；在温室、大棚坡下挖沟和蓄水池接纳棚面流下的雨水。这是一项花钱不多、行之有效的蓄水办法。

12. 工厂化育苗

过去种菜育苗靠"把式"（有经验的人）、靠"炕头（取暖）"，工作不便，工效低。进入现代化时期，即采用工厂化育苗——育苗盘（钵）生产，装基质、播种、喷水、光照、拣苗、移栽等都由机械完成作业。温度、湿度、光照等由电脑调控，彻底解脱了靠把式、凭经验的束缚。

13. 远程教育

远程教育改变过去面对面的传授、教育，借助互联网，实现远程教育和学习。

14. 田间学校

农民田间学校是联合国粮农组织（FAO）提出和倡导的农民培训方法，是一种自下而上参与式农业技术推广方式，强调以农民为中心，充分发挥农民的主观能动作用。农民田间学校是以"农民"为中心，以"田间"为课堂，参加学习的学员均为农民，由经过专业培训的农业技术员担任辅导员，在作物全生育期的田间地头开展培训。农民田间学校与其他学校的不同之处在于，辅导员不是通过讲课方式向农民传授技术，而是围绕农民学员设计问题、组织活动，鼓励和激发农民在生产中发现问题，分析原因，制订解决方案并完成实施，使其最终成为现代新型农民或农民专家。北京市 2005 年启动农民田间学校建设项目，受到农民欢迎。

远程教育和田间学校这 2 项都是采用现代信息技术和推广手段，向农民传授农业科技与知识的亲民之路。

三、农业新技术

这里只列举北京农业的新技术，不作注解。

（1）信息技术。卫星导航技术（GPS）、遥感技术（RS）、地理信息技术（GIS）、计算机技术……

（2）育种新技术。航天育种、胚胎移植及性别鉴定技术、超数排卵技术、杂交优势利用技术、基因技术、组培技术、克隆技术、融合技术、指纹技术等。

（3）生物防治技术。人工天敌、生物农药等。

（4）农业工厂化生产技术。植物工厂装备及生产技术、工厂化养殖技术等。

（5）设施农业技术。无土栽培技术、温室自动调控技术等。

（6）数字农业技术。数字土肥技术等。

（7）节水农业技术。节水灌溉技术、水肥一体化应用技术等。

（8）都市农业技术。阳台农业技术、屋顶栽培或绿化技术等。

（9）生态农业技术。保护性耕作技术、农田环境修复技术、生态涵养技术、农业面源污染治理技术、自控缓释肥的制造与使用技术、复合肥料制作与使用技术等。

（10）人工降水、消雹、减灾技术。

四、农业"三论"

（1）现代农业"三高论"。高科技、高投入、高产出。

（2）现代农业"三生论"。生产性、生活性、生态性。

（3）现代农业"三益论"。经济效益、生态效益、社会效益。

（4）现代农业"三率论"。着力提高劳动生产率、土地资源产出率、产品商品率。

（5）现代农业"三宜论"。因地制宜、因时制宜、因事制宜。

（6）现代农业"三力论"。地力常新壮、智力常更新、物力现代化。

（7）现代农业"三才论"。天时、地利、人和协调共济。

（8）现代农业"三靠论"。一靠政策、二靠科技、三靠投入。

（9）现代农业"三农论"。农村、农民、农业，"三农"统筹、和谐、协调。

（10）现代农业"三业论"。植（作）物产业、动物产业、微生物产业。

（11）现代农业"三抓论"。产前抓谋划，制订方略；产中抓不违农时抢种、抢管、抢收创高产；产后抓贮运加工、物流增值。

（12）现代农业"三精论"。精品生产、精准管理、精心经营。

（13）现代农业"三化论"。专业化生产，集约化经营，标准化品牌。

（14）现代农业"三者论"。"农林牧三者相互依赖，缺一不可"。

第二节　北京农业中的现代"化"

"化"者即人们从事的目标与愿景也。"化"不是一蹴而就，而是由表及里、由浅入深、由局部到整体、由隐形到显形的过程。这个过程长短因事而异、因条件而异。"化"的过程就是目标的质变过程，直到达标而已。新中国成立后，在农业发展中经历了一系列"化"的引领。

一、农业合作化

毛泽东主席于 1955 年 7 月 31 日发表了《关于农业合作化问题》的报告，指出："如果我们不能在大约三个五年计划的时期内基本上解决农业合作化的问题，即农业由使用畜力农具的小规模的经营跃进到使用机器的大规模的经营，包括由国家组织的使用机器的大规模的移民垦荒在内……我们就不能解决年年增长的商品粮食和工业原料的需要同现时主要农作物一般产量很低之间的矛盾，我们的社会主义工业化事业就会遇到绝大的困难，我们就不可完成社会主义工业化"。

在这个"化"的推动下，举国上下掀起了农业合作化高潮，并普遍实施。

北京从 1952 年春开始试办农业生产合作社，到 1956 年实现了高级农业合作化，之后又进入人民公社化，直到 1978 年党的十一届三中全会之后被否定而普遍实行家庭联产承包责任制。在这基础上推行农民专业合作社，以提高农业的组织化程度。截至 2012 年 9 月，全市工商登记注册的合作社 5 372 个，辐射带动近 3/4 的农户。

二、农业现代化

1957 年毛泽东同志在《关于农业问题》一文中提出了建立"现代化农业"（见《毛泽东文集》卷七）。之后。周恩来总理在 1964 年第三届全国人民代表大会和 1975 年第四届全国人民代表大会的政府工作报告中，根据全国人民的愿望和党中央的决定，2 次正式提出要在 20 世纪内全面实现社会主义的"四个现代化"，使我国国民经济走在世界前列的宏伟设想。在所提的"四个现代化"中就有"农业现代化"。受"文化大革命"的影响，这一设想未能付诸实施。1978 年召开的第五届全国人民代表大会把实现"四个现代化"确定为我国在新的历史时期的奋斗目标。在实现农业现代化的过程中，要改变不适应生产力发展的生产关系，改变陈旧的管理方式、活动方式和思想方式。就农业现代化而言，就是要对农业实行全面技术改造。用先进的科学技术和机械设备装备农业，把建立在手工劳动基础上的农业改造成为用机械生产的现代化的大农业。

在农业现代化的推动下，北京农业已由传统的粗放型增长方式进入现代化的集约型增长方式。到 20 世纪 90 年代前期，北京市实现国内通常所讲的机械化、水利化、化学化、电气化的"小四化"。与此同时，市委、市政府经过一番调研和谋划，于 21 世纪初提出发展都市型现代农业（2003 年），其内涵发生根本变化——被定义为"依托都市的辐射。按照都市的需求，运用现代化手段，建设集生产性、生活性、生态性于一体的现代化大农业系统"。其总体目标："一是实现郊区农业单一功能向多功能转变，加快和实现农业的单一生产型向生产、生活和生态型多功能转变，使农业发展和城市发展相互依托，共同发展；二是实现城郊型农业向都市型现代农业转变，运用现代手段，提升农业的综合生产能力，提升农业的现代化水平；三是实现郊区农业由粗放型增长向集约型增长转变，优化生产要素配置，提高劳动生产率和资源利用率；四是实现注重生产向注重市场领域转变，由过去单一关注生产以产定销的生产方式，向以市场需求为导向，以销定产的方式转变"。

三、农业机械化

这是毛泽东同志于 1968 年提出的号召（见当年 12 月 19 日《人民日报》）。早在 1955 年 7 月 31 日，毛泽东同志在《关于农业合作化问题》中就讲道："中国只有在社会经济制度方面彻底地完成社会主义改造，又在技术方面，在一切能够使用机器操作的部门和地方，统统使用机器操作，才能使社会经济面貌全部改观"。

1950 年春，北京建立了新式农具推广站，负责推广新式农具（新式步犁、脚踏打稻机、手摇铡草机、三齿耘锄、手摇玉米脱粒机等）。据 1950—1953 年的不完全统计，近郊区先后推广各种新式农具 2 000 多件。1951 年建立水利推进社，负责推广新式铁制轻便水车（轻三轮、小五轮），仅 1952 年和 1953 年 2 年，就在近郊菜区推广新式水车 1 256 辆，促进了菜区灌溉条件的改善。1952 年建立本市第一个农业拖拉机站，由此推动农业机械事业的发展。到 1998 年，郊区农业机械总值 23.3 亿元，农机总动力 415.4 万千瓦。全市机耕率达 95%，机播率达 81.4%，小麦机收率达 97%，玉米机收率达 60% 左右，机施化肥、机械喷药、秸秆粉碎还田达 80% 左右。露地蔬菜田耕作、浇水，规模猪场、大中型蛋鸡场和水产养殖等主要生产环节，基本实现机械化或半机械化。

四、农田园林化

新中国成立后，毛主席就向全国人民发出了"绿化祖国"（1956年）和"实行大地园林化"（1958年）的号召，激励着中国人民一往直前、持续不断地植树造林。北京作为祖国的首善之区亦不例外地走在前面。北京自1992年被评为国家园林城市以来，到2012年已形成"山区绿屏、平原绿网、城市绿景"三大生态系统，全市已初步建成了城市公园、公共绿地、道路水系绿化带，以及单位和居住区绿地为主，点、线、面、带、网、环相结合的城市绿地系统，形成了乔灌结合、花草并举，三季有花、四季常青的城市环境，实现了"城市园林化、郊区森林化、道路林荫化、庭院花园化"的发展目标。截至2011年年底，全市城市绿化覆盖率已由1949年的1.3%提升到45.6%，人均公共绿地达到15.3平方米，全市公共绿地达到1 691个，其中，注册公园339个，花园式单位达到5 600多个，园林化小城镇达到83个，占到乡镇总数的45.3%。

2014年，本市森林覆盖率已达到41%，林木绿化率则达到58.4%。昔日缺树少绿的北京已有近六成国土被绿色所覆盖，95%的山区披上了绿装。到2015年年底，全市的森林覆盖率提高到41.6%，林木绿化率达到59%，市民居于良好的绿色空间。

同时，按照"森林进城、公园下乡、城乡互动、科学发展"的思路，全市已建成各类公园348个。京郊有36.1%乡镇跻身于园林小镇，昔日的京郊农村正在呈现"村在林中，路在绿中，房在园中，人在景中"的郊野田园型绿化景观，初步实现了"以绿净村，以绿美村，以绿兴村，以绿富村"的目标。

农田园林化的体现除绿化外，还有公园、果园和花园等形式。如怀柔的凤山百果园、四季花卉园、神龙峪红梨园，小汤山的特菜大观园，丰台的百枣园，密云的百年栗园，大兴的古桑园，房山的菱枣园，等等。

五、农田水利化

毛主席曾指出："水利是农业的命脉。"20世纪70年代之前地表水和地下水还比较丰富。一般是打井或是修水库，或由河泊抽水灌溉（大水漫灌）。从70年代以来，天气一直偏旱，大部分河道干枯，地下水日臻枯竭。水资源匮乏倒逼北京农业采用节水灌溉技术和设备，广泛开展节水灌溉——粮田推广喷灌、菜园推广滴灌等，使水的利用系数由过去的30%~40%提高到60%~70%，整个农业用水量已由过去的24亿立方米下降到5亿~7亿立方米，平原农田已全部实现水利化。

六、农业电气化

电是目前使用起来最方便、用途最广泛的动力能源。1949年北京全市电力只有1.5亿千瓦时，农村几乎用不上电。

新中国成立后电力事业迅猛发展，就北京地区来说是火电、水电一起上，如今进入华北电网联网供电，用电更有保障。电路村村通，处处通，连边远山村都已用上电。电在北京地区可以说是无处不用。

七、农业标准化

在我国起步较晚。北京市约在20世纪90年代开始起步，由市技术监督局组织在农业的一些方面进行研究探索。首先在春玉米、红小豆栽培，北京鸭饲养等方面进行研究与应用，如今已扩展到标准化果园、标准化菜园、标准化奶牛养殖等。到2008年，已制定出农业标准213

项，建立农业标准化基地 1 128 个，无公害、绿色，有机农产品认证 2 951 个。

八、农业信息化

据北京市农村工作委员会主编的《北京市农村产业发展报告 2009》记载：到 2009 年年底，广播、电话覆盖率 13 个郊区县基本实现 100%，有线电视覆盖率、网络覆盖率、网络入村率接近 100%；农村基层建有各类信息服务站点 10 680 个，现代远程教育站点 4 233 个，农产品市场信息服务站点 150 个，农业科技远程教育站点 452 个，农村"数字家园"站点 823 个，农村文化信息资源共享站点 3 118 个，爱农驿站 1 504 个，政务公开接触摸屏站点 400 个；农村百户居民家庭拥有移动电话 212 部，拥有计算机 58 台，其中，朝阳、丰台、海淀 3 个郊区已超过 80 台；13 个郊区县共安装信息机 222 台、发信机 3 810 台，服务用户 38 万户；"12396"新农村服务热线直面"三农"，日均点击量近 2 800 人次；13 个郊区县 182 个乡镇中有 127 个乡镇设立独立域名网站。

已建立的信息应用系统如下：

（1）农业资源管理决策系统。拥有 15 家共建共享单位和 13 个郊区县农业资源数据 105 类、400 项数据。平台形成了设施农业、农产品供求、农村金融等 138 个专题，土壤信息、市场分布信息等 240 个信息图层，以及农村经济等 100 多个非图形数据层。

（2）农村管理信息系统。郊区 4 017 个村集体经济组织、192 个乡镇集体经济组织已全面实现农村管理信息化，共有管理操作人员 4 600 个。

（3）园林绿化网格化管理系统。已建成共享全市公共基础图层 900 个、15 个类别的专题数据库等。另外，还建立了北京市农地流转信息平台，开通了"12316"农业服务热线，健全完善了农产品市场信息监测系统。

总之，北京农业信息"高速公路"已经形成并开通"最后一千米"即"村村通"。北京的农民足不出户，通过网络就可以获取科技、市场信息，真正实现"坐地日行八万里，巡天遥看一千河"了（毛泽东诗句）。

九、农业商品化

自古北京地区的农业就带有一定商品性生产。尽管古代农业也是自给自足的小农经济，但毕竟还肩负着供应城镇居民生活需要的任务。到了明清时期因城市的扩大、人口增多及外国资产投入商业性强的经济作物，使棉花、染料、蔬菜等有了较大的发展。新中国成立后，北京成为国家首都，郊区农业对保障城市的农产品供给具有重要意义，郊区农村工作的指导方针一直定位在"服务首都"这个第一要务上，因此，北京农业一直被确定为服务首都的副食品基地——本质就是商品生产。

自计划经济体制转变为市场经济体制以来，本市农业即以市场为导向由生产经营者自主决定生产内容——如生产或加工的品种、茬口或季节安排等。农业结构也围绕着市场发生了深刻的变化。在计划经济体制下以种粮为主，而现在则以果蔬、肉、蛋、奶等"菜篮子"内容物为主，同时，在生产商品的同时还以其为载体发展观光休闲农业，为社会提供精神文化方面的商业服务，并提高了农业的商业性附加值。今日北京农民的生产活动已不再是追求温饱，而是在商品生产经营中分享商品经济的回报。

十、布局区域化

到"十一五"末（2010 年），北京初步形成了"五圈层"的农业区域布局。

城市农业发展圈。由 4 个城区和部分城近区组成，在五环路之内占地 35 平方千米左右。重点发展农业大型展示、交易、信息、服务为主的景观农业和会展农业。

近郊农业发展圈。五环路至六环路之内的城近区，占地 411 平方千米。重点发展露地绿化农业、休闲农业、园区农业和科普农业等。

远郊平原农业发展区。由远郊平原、山前地带和延庆盆地组成，占地 2 158 平方千米，重点发展设施农业、优质种养业和农产品加工业及休闲观光农业等。

山区生态涵养农业发展圈。由郊区北部、西部和西南部山区组成，占地 998 平方千米，重点发展特色农业、生态农业和休闲农业等。

环京合作农业发展圈。由北京周边区域组成、重点发展合作农业、订单农业、外向农业和服务农业。

十一、产品特色化

郊区各区县根据资源禀赋与产业基础，实行差异化发展，产品各具物色。已形成的特色产业群有平谷大桃、密云怀柔板栗、昌平苹果、延庆葡萄、门头沟核桃、京白梨、房山磨盘柿及红小豆、大兴西甜瓜及甘薯、顺义蔬菜及花卉等特色产业。

十二、种养立体化

生产立体化主要有 3 种表现形式：第一种是林下经济，利用林下空间开发林药、林菇、林草、林粮、林油、林菜等多种林下种养模式。第二种是采用立体栽培方式充分利用种植空间，如设施空间，这些立体栽培方式主要有管道栽培、立柱式栽培、墙体栽培等。第三种是对地理空间的利用，一般是山体的立体化栽培，山脚下、山腰和山顶根据适地条件分别栽种不同的植物。

十三、管理精细化

将信息技术引入农业管理领域，如信息技术进入设施农业管理之中，使温室菜节能近 30%，节水 69%，节药 15%～20%，节肥 15%左右；信息技术应用于农业灌溉，实现灌溉的时间控制、空间控制、水量节约；信息技术应用于施肥、病虫害防治等，可实现精准施肥及病虫害的精准防控。

十四、经营产业化

北京地区农业经营产业化起步较早，在 20 世纪 70 年代末，就出现了一些初级的产、供、销为一体的生产经营组织。随着农业生产水平的不断提升，农业产业化水平也在不断提高。截至 2013 年，全市各类合作社已达到 6 286 家，登记注册成员 16.2 万名，辐射带动近 3/4 的一产农户，培育了 150 个市级示范社。北京市规模以上农产品加工企业共有 204 家，固定资产 1 105.9 亿元，销售收入 3 595.2 亿元，净利润 80.5亿元；已建立 15 个国家级农产品加工业示范基地，13 家农产品加工创业基地，42 个重点农产品加工业小城镇。全市拥有国家重点龙头企业38 个，省级重点龙头企业 101 个，市级重点龙头企业 65 个；上市龙头企业 10 个；农业龙头企业吸纳劳动力就业 12 万人。获得国家和北京市工商行政管理局认定的涉农驰名商标有 1 319 件，北京市工商局认定涉农著名商标 112 件，华都肉鸡、鹏程肉食、三元牛奶、天安农业、德青源鸡蛋等品牌知名度不断上升，品牌价值超过 1 000 亿元。农业龙头企业吸纳劳动力就业 12 万人，农民直接年增收 6.5 亿元。

十五、生产专业化

农业生产专业化就是按照农产品的不同种类、生产过程的不同环节，在地区之间或农业企业之间进行分工协作，向专门化、集中化的方向发展的过程。是社会分工深化和经济联系加强的必然结果，也是农业生产发展的必由之路。通常有 3 种表现形式：农业地区专业化或农业生产区域化、农业企业专业化或农场专业化、农业作业专业化或农艺过程专业化。实现农业生产专业化，有利于充分发挥各地区、各企业的优势，提高农业经济效益；有利于提高农业机械化水平和农业技术应用；有利于提高劳动者的专业素质。

农业生产专业化与合作化、机械化和社会化服务是密不可分的。合作化与机械化促进了专业化生产，反过来，专业化生产又巩固了合作化与机械化。正是有了专业化生产才有了社会化服务。

以作物病虫害防治为例，北京自 2009 年起实施农业基础建设综合开发项目以来，共组建了 130 多支作物病虫害专业化统防统治服务组织，拥有高效植保机械 1 560 台（套），日作业能力近 150 万亩。其中蔬菜病虫害专防队有 16（7 支市级和 9 支区级队）。专职从业人员逾百人，服务总面积超 1.5 万亩次、园区近 200 个、农民 4 400 余户，各家园区平均化学农药减量 80％左右，节省人工达 40％，防治效果和经济效益明显提升。2016 年全市已有 58.8 万多亩农作物实施了病虫害专业化统防统治，覆盖率近 32％。

"一村一品"是借鉴日本经验发展我国农业生产专业化的有效途

径。截至 2017 年 8 月，北京市的"全国一村一品示范村镇"总数达到 65 个。2016 年，53 个"全国一村一品示范村"经济总收入累计达到 59.8 亿元，平均每村经济总收入为 1.13 亿元，是北京市特色专业村平均经济总收入的 4.37 倍；示范村人均年可支配收入达 18 114 元，同比增长 22.64%。

第三节 北京农业的"走出去"与"请进来"

一、北京农业的"走出去"

中国之大，国土面积为 960 万平方千米，北京地域之小，地域面积只有 16 807 平方千米，只占全国国土面积的 0.17%。

这里地域不大，一年四季分明，无霜期约占全年一半多一点，在自然状态下，约有近半年不能种植庄稼。可是在这不大的地域上则承载着莫大的历史重任。

一是承担着至今 2 150 多万常住人口和数百的流动人口的食物多样性的需求；二是承担着服从于、服务于中央首脑机关和党政军在京机关对农产品多样性的需求；三是承担着国际交流对农业的需求；四是承担着国内外游客乡村旅游的需求，等等。

在这些需求中，第一是对食物的需求，应有一定的自给率保障。在这一需求中，既要优质多样、四季均衡，还要物美价廉，适合不同人群的口味。第二是对土地尤其是科研用地的需求，无论是从面积上还是周年生产上都难以满足。第三是对劳动力的需求。北京市土地面积有限、产量有限、劳动力有限且成本高，为确保完成前述的"四个承担"，北京农业一直在探索"走出去"的战略。

最先趟路的是从 1972 年冬季开始在海南岛三亚市租地进行加代育种和繁育良种，如今已有多家在海南从事粮、棉、油、菜、鱼类育种、繁种事业。北京市农林科学院玉米研究中心利用甘肃河西走廊地区土地与劳动力优势建立玉米新品种繁育基地。北京市农林科学院蔬菜研究中心在云南建立瓜菜育种和良种繁育基地。北京在东北三江平原租地建立大豆生产基地。北京不少单位与东北建立大米供给基地。北京农学院与吕梁地区建立大枣科研合作基地。北京市农业机械化研究所在西藏建立大型联栋温室合作试验、示范基地。北京市农委在河北张家口、承德建立 20 万亩蔬菜供销合作基地。延庆区与怀来县建立葡萄产业化联合基地。顺义区与四川省合作建立优良种猪繁殖基地等。

北京一批农业企业在河北及其他外埠建立多个农产品生产基地。蟹岛在内蒙古建立油鸡生产基地。首农集团在河北省石家庄及满城地区建立奶牛生产基地。大发正大和华都肉鸡公司等企业在河北承德、张家口和保定一带建立肉鸡养殖加工基地，屠宰能力 6 000 万只；北京新发地蔬菜批发市场在河北涿州建立分市场；北京首农集团在河北定州市创办起在国内具有多个"第一"的最大奶牛牧场，即饲养奶牛 6 万头，日产鲜奶 1 000 吨；拥有国内单体规模最大的荷斯坦奶牛良种群及娟姗牛牛群；全国最大的可滑动屋顶牛舍；自动化、智能化、信息化程度最高、世界最大的并列式和转盘式挤奶台。

凡此种种，展望未来，北京农业"走出去"的路子将越走越宽广，以北京的消费市场优势、科技优势、资本优势等换取外埠的产品优势，来服务首都、富裕农民。

二、北京农业的"请进来"

自古以来北京就与世界上许多国家或地区进行农业交流，从汉代就从西域引入黄瓜（时称王瓜）、汗血马；南北朝引入亚麻；五代时引进西瓜、菠菜、莴苣；宋元时引进胡萝卜；明清时引进甘薯、玉米、番茄、苦瓜；清代引进桃（大久保、水蜜桃等）、苹果（红星、黄元帅、秦冠等）、黑白奶牛、美利奴羊、长白猪、来航蛋鸡，还有棉花、染料等。民国时期引进水稻、棉花新品种，猪、鸡、奶牛良种等；新中国成立后，引进拖拉机及一些配套机具、化肥、农药，经过消化吸收发展起自己的化肥厂、农药厂、农业机械厂。

动植物优良品种和种质资源的丰富多彩是农业生产革旧创新最基本的要素。新中国成立后，北京市采取两手抓的办法，即一手抓农家种的普查评选，择其优而用；一手抓对外引进，"洋为我用"。在这方面北京农业大学帮了北京大忙。北京农业大学农学系以蔡旭教授为首的专家在引进国外小麦资源的基础上陆续培育出适合北京地区条件的优质、高产、抗病的冬小麦新品种"早洋麦""农大183""农大311""农大139""农大东方红"等，并相继分别以它们为主栽品种进行了5~6次更新换代。与此同时，北京农业大学李竞雄教授也利用引进的玉米骨干自交系培育出自己的自交系，并配置出杂交种在北京应用。

随着北京社会经济发展及科技进步，农林牧渔各业都相继引进良种及设施栽培技术。如今北京农业生产中数百种特菜品种、上千种果树品种、几十种畜禽品种、二三十种渔业品种、几十种林木品种、上千种花卉品种以及多种草皮品种等都由国外引进，有的已成为主要种养品种，如富士苹果、大久保桃、水晶梨、大樱桃；大白、长白、杜洛克种猪；种牛；罗非鲫鱼、虹鳟鱼、欧洲鲟鱼；白羽肉鸡等。陆续出现一批外资农业企业和研究示范基地：如中瑞奶业培训中心、正大饲料公司、中以示范农场、意大利农庄、鹅与鸭农庄、国际乡村酒店、法兰西乡情旅游村、国际驿站（即洋人村庄）又称长城国际文化村

（在慕田峪长城脚下），中德水源涵养林示范区（密云水库边）。

由于广集国内外动植物新品种，推进了北京农业产品的质量和效益的提升，建立起一批优质高效农产品产业基地，诸如特菜基地（2.5万亩）、奶业基地、苹果基地、桃基地、葡萄基地、西洋梨基地、大樱桃基地、草莓基地、花卉基地、种猪基地、种禽基地、国际种业基地（通州于家务）、冷水鱼苗种基地，等等。

如今放眼京华大地，其农业经营者已不仅限于黄皮肤，还有白皮肤、黑皮肤的经营主；不仅有中华传统的家庭经营，还有国外农庄式经营；不仅有中国自产的物种产品，还有来自五大洲的名特优动植物产品。这使得住在北京城的外国友人，虽客居异国他乡却也能吃上家乡的农产品，观赏到家乡的农业生产景观；通过农业会展，不仅能和中国人交流农业经验，还可听到、看到本国和他国的东西。北京农业圈简直就是微缩的"地球村"，来到北京后，不出"村"就可见到家乡的人，家乡农业的某种元素，可以吃上家乡的菜肴，不出"村"即可见到五大洲的人和农业元素。

正是"地球村"集聚着来自五大洲的农业精品和先进技术与创业模式的引进转化，推进北京都市型现代农业刚迈出 10 年的步伐就赢得世人的瞩目，在国内率先（2011 年）实现第一次现代化（2012 年），并迈进第二次现代化（中国科学院中国现代化研究中心《中国现代化研究报告》）。

在"地球村"中聚集着来自世界丰富的农业品种资源，适应着首都北京走向国际化大都市发展需求。在北京这个"地球村"里拥有如下丰富的农业品种资源。

2013 年创建的延庆世界葡萄园集纳优良品种 1 014 个，占地 3 000亩；昌平区兴寿镇草莓基地集纳世界良种 135 个；大兴区魏善庄镇月季园集纳了一批世界良种，占地 1 910 亩，734 万株；北京植物园月季园集纳世界良种 500 多个，2015 年被世界月季联合会命为"世界杰出月季园"；延庆区球根花卉种质资源圃占地 100 亩，集纳世界球宿根花卉20 大类 300 多个品种；丰台区草桥建有"世界花卉大观园"，集纳1 000 多种花卉；顺义区国际花卉港来自国内外的郁金香和百合品种分别有 70 多个和 89 个；北京市农业技术推广站小汤山特菜大观园集纳有160 种国内外特色特产品种；北京动物园、北京野生动物园等集纳着来自世界各地的动物。丰台区永定河上的世博园中集纳有国内外几十家经典园林精品景致。

第四节　北京现代农业的贡献

一、为社会谋福祉

为满足市民多样化的物质消费需求和休闲需求，开拓农业功能，促进农民增收、农业增效，为社会谋福祉，2005 年 11 月北京市农村工作委员会发布了《关于加快发展都市型现代农业的指导意见》；2006 年又提出按照"生态、安全、优质、高效、高端"的目标，开发 4 种功能（生产功能、生活功能、生态功能、示范功能），发展"四种农业"（籽种农业、观光休闲农业、循环农业、科技农业），构建集生产、生态、生活、示范功能为一体，经济、生态、社会效益相统一的新型农业形态，形成符合区域功能定位且布局合理、地位稳定、环境友好、机制健全、农民富裕、社会亲近的都市型现代农业。

由于方向明确、政策到位、农民亲和、社会关注、众志成城，都市型现代农业顺势而上，在农地锐减、水资源匮乏、劳力不足等因素

"瓶颈"囿抑下仍破颈而发，取得持续上扬的成效，就是服务了首都，富裕了农民。归纳起来：

1. 为社会谋福祉

都市型现代农业功能的开拓与实施迎合了首都市民与外来游客观光、休闲、回归大自然、体验都市农业风光、自然美景，感受市郊民间文化、创业精神，品评乡间民俗、美食，观赏大美乡村、人文景观以开阔视野，陶冶情操的需求。2014年国庆黄金周，全市接待外省市来京游客270万人次，比去年减少1.8%，外地游客在京消费62.6亿元，比去年减少3.3%；但全市乡村游却接待游客398.8万人次，同比增长7.8%，收入约3.86亿元，同比增长11.7%。都市型现代农业为首都市民营造了生态宜居的农村环境。

为服务首都生态环境建设服务国际一流和谐之都建设，北京都市型现代农业生态服务价值彰显出毋庸置疑的成就。据统计资料显示，自2006年开始监测评估，都市型现代农业的生态服务价值和贴现价值不断提升，年值和贴现值分别由721.44亿元和5 813.96亿元提升到2016年的3 530.99亿元和10 565.01亿元。2009—2013年，全市生态环境质量指数基本在66左右，生态环境质量持续为良，在全国处于中上水平（见北京市统计局《北京农村统计资料》2013年）。

生态环境的和谐、友好是建设城乡宜居的基础。据媒体报道，京郊山区95%以上的宜林荒山实现了绿化，1 153万亩生态林年增碳汇967万吨，77%的水土流失面积得到治理，林木绿化率和森林覆盖率分别达到71.4%和51.8%，分别比全市平均水平高18.8%和15.1%。7个山区县中有6个进入国家生态示范区建设，83个山区乡镇中有59%个为市级环境优美乡镇，其中，32个是"国家级生态乡镇"。

2. 都市型现代农业创造的新业态成为北京农业的主要增长点

（1）农产品加工增值。到2011年，京郊已建立农产品加工示范基地15个，42个重点小城镇已成为农产品加工业的重要聚集区，有农产品加工企业1 853个，其中规模以上农产品加工企业493家，全市取得中国驰名商标27个，北京市著名商标112个，规模以上农产品加工企业总产值达618亿元，实现总利润24亿元。

（2）创意农业增值。2010年，北京市拥有创意农业园113个，有一定影响力的创意农业节庆活动60多个，全市创意农业年产值22.6亿元。

发展加工农业、创意农业，不仅丰富了首都市民的菜篮子、米袋子，也提高了农业的附加值，促进了农业增效，农民增收。2013年，农业新业态实现收入108.9亿元，比2009年增长59.9%，对稳定农业增长发挥着重要支撑作用。新业态由设施农业、观光农业、民俗旅游、籽种农业、会展农业、景观农业、循环农业、科技农业，等等。他们新在附加值增值潜力大。如2015年春举办的"北京农业嘉年华"，在51天会展期里，118万游客走进"金玉良缘""蔬情画意""桑蚕织梦"等各具特色的展馆，体验都市型现代农业的魅力。游客积知长识，会展总计实现收入3.03亿元。为期10天的平谷桃花音乐节，太后村里的农家乐家家进账10万元左右，10天赏花季的收入超过了一年卖大桃的收入。

顺义区赵全营镇兴农天力农机服务专业合作社2015年小麦籽种每千克售价比售商品粮高出0.7元；房山区窦店村2014年1 000多亩小麦籽种，每千克售价达3.3元，比出售商品粮亩增收400元左右。2015年。全市夏收小麦籽种田达8万亩，比上年增加了3万亩，其效益可观（《京郊日报》2015.7.12.P1）。

随着新业态的出现农业内部产业结构也发生着变化，其效益也大相径庭。据2009年种植业主要产品亩利润比较，发展中的食用菌亩利润排于第一位，为 17 771.76 元，其次是花卉，亩利润为 4 824.80 元，而粮食亩利润只有 226.58 元，排于第十二位（最后）。在蔬菜产业中又以设施农业收入较高。2009 年，全市设施农业总面积 28.1 万亩，设施蔬菜总收入占蔬菜总收入的 43%。

乡村的民食文化虽显粗矿，但是纯朴、地道，乡土风味甚浓，吃着、品着就会悠然勾起李绅的诗句"谁知盘中餐，粒粒皆辛苦"，激励起爱农情怀，兴农之举。

二、给农民增富足

农民是创造都市型现代农业的主力军。他们在服务首都为社会谋福祉的同时而富裕自己。

北京农业在深化改革中转型，2005 年正式实施都市型现代农业（之前都称为城郊型现代农业），农林牧副渔五业持续兴旺，总产值持续上升，农民人均纯收入连年增长。自 2008—2014 年连续 6 年其增幅高于城镇居民人均可支配收入的增长幅度。

——农林牧渔业总产值和增加值由 2005 年的 239.3 亿元和 90.8 亿元分别增加到 2013 年的 421.8 亿元和 161.8 亿元。

——农民人均纯收入由 2005 年的 7 860 元增加到 2014 年的 20 226 元。其间，农民收入实现两次历史性突破，即 2008 年突破万元，达到 10 747 元，年增加额突破千元，农民收入增长速度首次超过城镇居民收入增长速度；2014 年，农民人均纯收入首次突破 2 万元，达到 20 226 元，增速超过城镇居民收入增速 1.4 个百分点，这是从 2008 年起连续 6 年超过城镇居民收入增速。

在都市型现代农业功能目标定位引导下，北京农业的增长方式发生了根本性转变，由外延粗放型增长转变内涵集约式增长，有效地缓解了土地、水等资源的"瓶颈"制约,大大提高了农业生产经营的综合能力和效益。科技进步对农业经济增长的贡献率,由"十五"末的60%提升到76.17%(2008年);平均每1个从业人员创造农林牧渔业总产值由2005年的40 834元,提升到2013年的77 516元。

农民增收多渠道并已形成工资性收入、家庭经营收入、财产性收入、转移性收入4项主要来源,其中,以工资性收入为大头。2005年农民人均纯收入为7 860元,其中,工资性收入为4 795.6元,占收入总额的61%;到2013年农民人均纯收入为18 337元,其中,工资性收入为12 035元,占收入总额的66%。

农业土地产出率和劳动生产率持续提升。1995年,种植业平均每亩的耕地产值792.8元,劳动生产率为每个劳动力创造产值5 528元;到2010年,农业劳动生产率则提升到54 556.87元;到2013年,农业土地产出率则达2 435.2元/亩,劳动生产率则提升到77 516.4元/人。

农民的科学文化素质有了较大提升。2005年农民劳均受教育年限为10.26年,家用电脑普及率为35.6%;2010年,农民劳均受教育年限为10.9年,家用电脑普及率达到54.7%;2013年,农村从业人员人均受教育年限为10.8年,家用电脑普及率提升到66.9%。

农村、农业生态环境大为改善。2013年,远郊区县垃圾无害化处理率达到97.8%,污水处理率为63.1%;出现一批大美乡村,呈现出"村在林中,路在绿中,房在园中,人在景中",常年"绿不断线,景不断链,三季有花,四季有景"。环境友好的实现程度达95.9%。

三、为生态添价值

自1972年以来,北京地区气候趋于干旱,全城范围内大河断流,小河、沟渠干涸,自然生态憔悴,风起尘扬,环境变劣。而与之同期,人民在改革开放中以经济建设中心，一心一意奔小康，国民经济蒸蒸日上，人民生活节节高。当人们物质生活进入总体小康之时，便觉周围的生态环境已不适应，与宜居城市的要求很不适应。由此，激起社会对生态环境的关注，并着力修复改善。

森林和湿地是净化自然的"肺"和"肾"。呵护生态就要植树造林，绿染京华。从1981年起，本市开始全民义务植树，到2014年，本市森林覆盖率已从20世纪80年代初的12.83%提高到41%，林木绿化率则从16.6%提高到58.4%，昔日缺树稀见绿的北京现在已有近6成国土被绿色所覆盖。

京郊西起房山区云居寺，东至平谷海子水潭，形成230千米的前山脸风景带，并在康庄、潮白河、大沙河、永定河、南口五大风沙危害区以及出京的主要公路沿线建成"绿色长城"，使荒山秃岭变成风景旅游区。

在城内创建起86个花园式街道办事处，6 217个花园式单位，287个花园或社区。

山区、平原、绿化隔离带三道绿色生态屏障已基本形成。

据报道，到2015年年底，全市森林覆盖率已提高到41.6%，林木绿化率达到59%。

平原农田广泛推行保护性耕作和季节性裸露农田综合治理：一是秸秆覆盖还田（60%以上），二是生物覆盖——种植越冬小麦或油菜等，基本实现农田"无裸露、无撂荒、无闲置"。

再就是广泛推广节水灌溉、节水农艺、雨养旱作农艺，以呵护水生态因素的良性循环。

农田面源污染和点源污染得到有效控制和治理。先后采取的措施有推广生物、物理防治技术、低毒低残留农药、降低农药使用量、推广有机肥和科学施肥技术，推行清洁生产和畜禽粪污末端治理等。

对野生生物资源实行保护等。

对生态建设、保护、涵养、修复等的倡导一直受到社会、政府的关注和践行，广大农村也为之付出巨大的努力，但对生态的价值则久久未评说。直到 2006 年始见北京市统计部门发布都市型现代农业生态服务价值方面的监测公报。从此，京畿生态是一种社会服务产业，有服务功能就有服务价值。据测算，2016 年北京都市型现代农业生态服务价值年值为 3 530.99 亿元，比上年增长 6.8%；贴现值为 10 565.01 亿元，比上年增长 3.2%。从构成农业生态服务价值年值的 3 个部分看：直接经济价值为 396.40 亿元，比上年下降 6.2%，占总价值的 11.2%；间接经济价值为 1 149.83 亿元，比上年增长 7.7%，占总价值的 32.6%；生态与环境价值为 1 984.75 亿元，比上年增长 9.2%，占总价值的 56.2%。其中，直接经济价值包括农林牧渔业总产值和供水价值，间接经济价值包括文化旅游服务价值、水力发电价值、景观增值价值；生态与环境价值包括气候调节价值、水源涵养价值、环境净化价值、生物多样性价值、防护与减灾价值、土壤保持价值、土壤形成价值等。

第八章　古今重农思想、文件择要

农业是人类赖以生存、发展的最基本的产业。古往今来，历朝历代都非常重视农业。

第一节　古代重农思想

就我国而言，已历经了单一的原始农业社会、封建农业社会和工业化的社会主义社会。但重农思想一直存在，只是目标有异而已。当然重农思想的出现不在原始社会，而是从先秦社会起，并且是由学界最先提出一系列古代重要思想，比较有代表性的有：周·虢文公在劝谏书中写道："农业是关系到国计民生的大事。祭神所需的祭品出自农业；人口繁多基于农业；事业的供给来自农业；社会的安定有赖于农业；国家的财富增值源于农业；国家的强盛要靠农业（见《国语·周语上》）。虢文公这段重农语录，盛行于战国也为后代重农思想开了先河。《吕氏春秋》中的《上农》篇则提出以农为本、工商为末的"崇本抑末""重农抑商"的政策思想。李悝提出财富增值的唯一根源是发展农业。他说："农伤则国贫"（见《汉书·食货志》）。秦国政治改革家商鞅提出："壹务（指壹于农）则国富""田荒而国贫"（见《商君书·农战》）。管仲在《管子·治国》中写道："富国多粟生于民"。《周书·无逸》曰："君以民为重，民以食为天；食以农为本，农以力为功"。

学界的重要思想引起开明朝政的重视便转为国策，成为古代农业发展的驱动力。西汉时，刘邦提出"王者以民为本，而民以食为天"；汉文帝提出"农为天下之本论"。北魏孝文帝在《劝农诏》中提出"国以民为本，民以食为天"的"国本民天"的重农思想。唐太宗提出"国以民为本，民以食为先"的重农从政思想；唐玄宗提出"农为政本，食乃人天"思想。宋太宗在《劝农诏》中提出"生民在勤，所宝惟谷"思想。元世祖提出："国以民为本，民以食为天，衣食以农桑为本"思想。明太祖提出"农桑衣食之本，学校道理之原"的思想。清太祖提出"重农积谷"的思想；康熙帝提出"重农贵粟，所以藏富于民，经久不匮，洵国家之要务也"。

第二节　伟人论农业

一、马克思论农业

——"人们为了能够'创造历史'必须能够生活。但是，为了生活，首先就需要衣、食、住以及其他东西。因此，第一个历史活动就是生产满足这些需要的资料，即产生物质生活本身"。

——"在印度和中国，生产方式的广阔基础，是由小农业和家庭工业的统一形成的……由农业与制造业直接结合引起的巨大经济和时间节省"（见《资本论》卷二）。

——"一旦人们自己开始生产他们所必需的生活资料的时候，他们就开始把自己和动物区别开来"。

——"农业劳动的这种自然生产率，是一切剩余劳动的基础，因为一切劳动首先而且最初是以占有和生产食物为目的的"（《马克思恩格斯全集》卷25，P712-713）。

——"一切剩余价值的生产，从而一切资本的发展，按自然基础来说，实际上都是建立在农业劳动生产率的基础之上的……超过劳动者个人需要的农业劳动生产率，是一切社会的基础，并且首先是资本主义生产的基础"（《马克思恩格斯全集》卷25，P885）。

——"科学是一种在历史上起推动作用的、革命的力量"。

——"劳动生产力是随着科学技术的不断进步而不断发展的"。

——"各种经济时代的区别，不在于生产什么，而在于怎样生产，用什么劳动资料生产"。

二、恩格斯论农业

——"农业是整个古代世界的决定性的生产部门"（《家庭、私有制和国家的起源》）。

——"铁使更大面积的农田耕作，开垦广阔的森林地区成为可能"。

——"没有一只猿手曾经制造过一把哪怕是最粗糙的石刀"（《劳动在从猿到人转变过程中的作用》）。

三、毛泽东论农业

——农业是国民经济的基础，粮食是基础的基础（出自《中共中央关于全党动手，大办农业，大办粮食的指示》1960年8月10日）。

——农林牧三者相互依赖，缺一不可。

——农业的根本出路在于机械化。

——水利是农业的命脉。

——肥料是植物的粮食。

——有土斯有粮。

——有了优良品种，即不增加劳动力、肥料也可获得较多的收成。

——农业"八字宪法"：土、肥、水、种、密、保、管、工。

——病虫草是农业的大敌。

——搞农业不学技术也不行。

——绿化祖国，实现大地园林化。

——森林是很宝贵的资源。

四、邓小平论农业

——发展农业，一靠政策，二靠科技，三靠投入。

——科学技术是第一生产力。

——中国农业要发展，离不开科学技术。

——将来农业问题的出路，最终要由生物工程来解决，要靠尖端技术。

——绿化祖国，造福万代。

——农业现代化不单单是机械化，还包括应用和发展科学技术等。

第三节　聚焦"三农"的中央一号文件

农业、农村工作始终是党和国家工作中的"重中之重"。新中国成立60多年来，我国农业和农村一直在中央政策指引下前进，共发布了19个聚焦"三农"的中央1号文件，引领农业跨越式发展。

（1）1982年中央1号文件《中共中央批转全国农村工作会议纪要》。文件彻底突破僵化的"三级所有、队为基础"的体制框框，明确指出包产到户、包干到户或大包干，"都是社会主义生产责任制""不同于合作化以前的小私有的个体经济，而是社会主义经济的组成部分"。《纪要》对农业生产责任制、改善农村商品流通等政策作了规定。在这份文件的落实中，北京市把完善责任制的重点由联产到组转向联产到劳。到当年 6 月底，大田种植业实行专业承包，联产到劳的队占实行责任制核算单位数的 42.5%，专业承包、联产到组的占 35.5%，包产到户的占 6.2%，小段包工定额计酬的占 15.8%。

（2）1983 年中央 1 号文件《当前农村经济各项政策的若干问题》。文件对家庭联产承包责任制做出了前所未有的高度评价，赞扬它是"在党的领导下，中国农民的伟大创造，是马克思主义关于合作化理论在我国实践中的新发展"。

（3）1984 年中央 1 号文件《关于一九八四年农村工作的通知》。文件确定土地承包期一般应在 15 年以上。

（4）1985 年中央 1 号文件《关于进一步活跃农村经济的十项政策》。将农村进行的联产承包责任制进一步系统化，还决定取消 30 年来农副产品统派购制度。

（5）1986 年中央 1 号文件《关于一九八六年农村工作的部署》。文件提出进一步摆正农业在国民经济中的地位，在肯定原有的一靠政策、二靠科学的同时，强调增加投入，进一步提出深化农村改革。同时明确个体经济是社会主义经济的必要补充，允许其存在和发展。

（6）2004 年中央 1 号文件《关于促进农民增加收入若干政策的意见》。文件提出要通过调整农业结构，扩大农民就业，增加农业投入，强化对农业支持保护，力争实现农民收入较快增长，尽快扭转城乡居民收入差距不断扩大的趋势。一是要集中力量支持粮食主产区发展粮食产业，促进种粮农民增加收入；二是要继续推进农业结构调整，挖掘农业内部增收潜力；三是要发展农村二三产业，拓宽农民增收渠道；四是要改善农民进城就业环境，增加外出务工收入；五是要发挥市场机制作用，搞活农产品流通；六是要加强农村基础设施建设，为农民增收创造条件；七是要深化农村改革，为农民增收减负提供体制保障；八是要继续做好扶贫开发工作，解决农村贫困人口和受灾群众的生产生活困难；九是要加强党对促进农民增收工作的领导，确保各项增收政策落到实处。

（7）2005年中央1号文件《关于进一步加强农村工作提高农业综合生产能力若干政策的意见》。文件郑重提出"加快农业科技创新，提高农业科技含量"。

（8）2006年中央1号文件《关于推进社会主义新农村建设的若干意见》。文件要求完善强化支农政策，建设现代农业。稳定发展粮食生产，积极调整农业结构，保证社会主义新农村建设有良好开局。这一年3月5日，温家宝总理在政府工作报告中正式提出在全国取消实行2600多年的农业税。

（9）2007年中央1号文件《关于积极发展现代化农业 扎实推进社会主义新农村建设的若干意见》。文件指出："发展现代化农业是社会主义新农村建设的首要任务，要用现代物质条件装备农业，用现代科学技术改造农业，用现代产业体系提升农业，提高农业素质效益和竞争力"。

（10）2008年中央1号文件《关于切实加强农业基础建设进一步促进农业发展农民增收的若干意见》。文件要求"全党必须深刻认识到，农业是安天下、稳民心的战略产业，没有农业现代化就没有国家现代化，没有农村繁荣稳定就没有全国繁荣稳定，没有农民全面小康就没有全国人民全面小康"。

（11）2009 年中央 1 号文件《关于 2009 年促进农业稳定发展农民持续增收的若干意见》。文件提出要加大对农业的支持保护力度，稳定发展农业生产，强化现代农业物质支撑和服务体系，稳定完善农村基本经营制度，推进城乡经济社会发展一体化。

（12）2010 年中央 1 号文件《关于加大统筹城乡发展力度 进一步夯实农业农村发展基础的若干意见》。主旨是按照稳粮食保供给、增收惠民生，继续为改革发展稳定大局做出新的贡献。

（13）2011 年中央 1 号文件《关于加快水利改革发展的决定》。主旨是把水利作为国家基础设施建设的优先领域，把农田水利作为农村基础设施建设的重点任务，把严格水资源管理作为加快转变经济发展方式的战略举措，注重科学治水、依法治水，突出加强薄弱环节建设，大力发展民生水利，不断深化水利改革，加快建设节水型社会，促进水利可持续发展。

（14）2012 年中央 1 号文件《关于加快推进农业科技创新 持续增强农产品供给保障能力的若干意见》中指出"实现农业持续稳定发展，长期确保农产品有效供给，根本出路在科技……必须紧紧抓住世界科技革命方兴未艾的历史机遇，坚持科教兴农战略，把农业科技摆到更加突出的位置，下决心突破体制机制障碍，大幅度增加农业科技投入，推动农业科技跨越发展，为农业增产、农民增收、农村繁荣，注入强劲动力。其主旨是同步推进专业化、城镇化和农业现代化，围绕强科技保发展、强生产保供给、强民生保稳定，进一步加大强农惠农富农政策力度，奋力夺取农业好收成，合力促进农民较快增收，努力维护农村社会和谐稳定"。

（15）2013 年中央 1 号文件《关于加快发展现代农业 进一步增强农村发展活力的若干问题》。主旨是落实"四化同步"的战略部署，按照保供增收惠民生、改革创新添活力的工作目标，加大农村改革力度、政策扶植力度、科技驱动力度，围绕现代农业建设，充分发挥农村基本经营制度的优越性，着力建设集约化、专业化、组织化、社会化相结合的新型农业经营体系，进一步解放和发展农村社会生产力，巩固和发展农业农村大好形势。

（16）2014年中央1号文件《关于全面深化农村改革 加快推进农业现代化的意见》。文件包括八个方面的内容：完善国家粮食保障体系；强化农村支持保护制度；建立农业可持续发展长效机制；深化土地制度改革；构建新型农业经营体系；加快农村金融制度创新；健全城乡发展一体化机制；改善乡村治理机制。

（17）2015年中央1号文件《关于加大改革创新力度 加快农业现代化建设的若干意见》。文件包括五个方面的内容：围绕建设现代农业，加快转变农业发展方式；围绕促进发展农民增收，加大惠民政策力度；围绕城乡一体化，深入推进新农村建设；围绕增添农村发展活力，全面深化农村改革；围绕做好"三农"工作，加强农村法制建设。

（18）2016年中央1号文件《关于落实发展新理念加快农业现代化实现全面小康目标的若干意见》。文件包括六个方面的内容：持续夯实现代农业基础，提高农业质量效益和竞争力；加强资源保护和生态修复，推动农业绿色发展；推进农村产业融合，促进农民收入持续较快增长；推动城乡协调发展，提高新农村建设水平；深入推进农村改革，增强农村发展内生动力；加强和改善党对"三农"工作领导。

（19）2017年中央1号文件《关于深入推进农业供给侧结构性改革 加快培育农业农村发展新动能的若干意见》。文件包括六个方面的内容：优化产品产业结构，着力推进农业提质增效；推行绿色生产方式，增强农业可持续发展能力；壮大新产业新业态，拓展农业产业链价值链；强化科技创新驱动，引领现代农业加快发展；补齐农业农村短板，夯实农村共享发展基础；加大农村改革力度，激活农业农村内生发展动力。

第四节　我国科技指导方针的变化

《1956—1967 年科学技术发展远景规划》中提出："重点发展，迎头赶上"（赶英超美），为新中国的经济和社会发展奠定了科技基础。

《1963—1972 年十年科学技术规划》中提出："自力更生，迎头赶上"，由此取得了"两弹一星"在内的一批重要成果。

《1978—1985 年全国科学技术发展规划纲要》中提出："全面安排，突出重点"。

《1986—2000 年科技发展规划》中提出："科学技术必须面向经济建设，经济建设必须依靠科学技术"。

1992 年实施的《国家中长期科学技术发展纲要》及《十年规划和"八五"计划纲要》中继续沿用"面向"与"依靠"的方针。

《科技发展"九五"计划和到 2010 年远景目标纲要》中提出："面向、依靠，努力攀登科学技术高峰"。

《"十五"科技发展规划》中提出："有所为，有所不为，总体跟进、重点突破，发展高科技，实现产业化，提高科技持续创新能力，实现技术跨越式发展"。

2006 年，《国家中长期科学和技术发展规划纲要》中提出："自主创新，重点跨越，支撑发展，引领未来"。

这些国家层面上的科技指导方针，指导着我国农业科技的发展，也指导着北京农业科技的发展。

第九章 京郊改革与发展

第一节 京郊农村小康建设

邓小平在 1979 年 12 月 6 日会见外宾谈话中第一次提出：中国 20 世纪的目标是实现小康……到 2000 年人民生活总体上达到小康水平。"从国民生产总值来说，就是年人均达到 800 美元"。

1991 年 11 月，中共十三届八中全会通过的《中共中央关于进一步加强农业和农村工作的决定》指出："没有农民的小康，就不可能有全国人民的小康"，提出 20 世纪 90 年代总的目标是："在全面发展农村经济的基础上，使广大农民的生活从温饱达到小康水平，逐步实现物质生活比较丰裕，精神生活比较充实，居住环境改善，健康水平提高，公益事业发展，社会治安良好。"为了便于衡量，国家统计局和农业部共同制定了"全国农村小康水平的基本标准"，划为六大类 16 项指标（略）。

一、农村小康的实现程度

北京市统计局与有关部门研究，提出了"北京市农村小康标准"，共分五大类，即社会经济发展与收入分配；人口素质及精神文化生活；生活环境；社会保障与安全；物质生活质量。到 1995 年，这五大指标的实现程度分别为83%、99.23%、99.5%、91.4%、94.4%。

据北京市统计局等《北京农村统计资料》，"十五"及"十一五"总结的资料显示：北京市农村全面小康综合实现程度：2000年为57.75%，2005年增加到86.5%。

2010年农村全面小康综合实现程度达到93.2%，总体进入全面小康。在6个子系统中，经济发展、社会发展、人口素质、生活质量四个子系统实现程度达到了100%。6个子系统中的18个监测指标中有16项指标实现程度达到了100%，其中，农村居民人均纯收入12 520元，第一产业劳动力比重17.23%，万人农业科技人员人员数为11.7人，农村居民恩格尔系数30.9，基尼系数0.3，农村人口平均受教育年限10.9年，森林覆盖率37.0%，农村人口平均预期寿命76.3岁，万元农业增加值用水量913.8立方米。

2012年农村全面小康综合实现程度达到94.2%。其中，6个系统中经济发展、社会发展、人口素质、生活质量4个系统实现程度均达100%；从涉及的18项指标看，16项指标实现程度亦已达到100%。其中，农村居民可支配收入15 570元。第一产业劳动力比重为16.5%、万人农业科技人员数达12.9人、农村居民基尼系数为0.27、农村人口平均受教育年限为10.6年、农村居民恩格尔系数为33.2、农民生活信息化程度77.8%、森林覆盖率为38.6%，万元农业增加值用水量为619.5亿立方米，实现度均达100%。

二、城乡一体化实现程度

按照"十二五"规划要求，"到2015年率先形成城乡一体化新格局的目标"。而据北京统计局、国家统计局北京调查总队的监测评估，2013年，北京市城乡一体化进程综合实现程度达到88.23%，在30项考核指标中有 8 项指标实现程度为 100%，有 11 项指标实现程度为 90%~100%，有 6 项指标实现程度为 80%~90%，5 项指标实现程度在 80% 以下。

三、新农村建设实现程度

到"十一五"末（2010 年），北京市新农村建设综合实现程度为 81.07%，其中：农业劳动生产率为 54 556.87 元，实现度为 54.56%，农业万元增加值水耗 913.75 立方米/万元，实现度为 100%；农产品质量安全认证率 30.70%，实现度为 51.17%；参加农业专业合作组织的农户比重为 35.53%，实现度为 59.22%；农村居民人均纯收入 13 262 元，实现度为 66.31%；工资性收入占比 60.38%，实现度为 80.50%；城乡居民收入比为 2.19，实现度为 68.42%；农民信息化程度为 81.75%，实现度为 90.84%；污水处理率为 68.42%，实现度为 76.02%；生活垃圾无害化率为 95.57%，实现度为 95.57%；绿色覆盖率为 70.09%，实现度 100%；农民劳均受教育年限 10.88 年，实现度 为 90.67%；图书室、文化站普及率为 93.94%，实现度为 93.94%；农村居民基尼系数为 0.30。

"十二五"期间，2012 年北京新农村建设实现度为 83.86%，比 2011 年提高 1.54 个百分点。其中，农业劳动生产率为 70 258 元实现度 为 70.26%；第一产业万元增加值水耗 619 立方米，实现度为 100%；农产品质量安全认证率 24.49%，实现度为 40.82%；都市型现代农业 总收入占农林牧渔总产值比重为 26.29%，实现度为 52.57%；农村居 民人均纯收入 16 476 元，实现度为 82.38%；农民信息化指数为 77.81%，实现度为 86.45%；污水处理率为 71.99%，实现度为 79.99%；生活垃圾集中处理率为 96.54%，实现度为 96.54%；绿色植

被覆盖率为 72.09%，实现度为 100%；图书室、文化站普及率为
96.65%，实现度为 96.65%。

四、农村城镇化实现程度

从反映农民经济生活水平和收入差距的恩格尔系数和基尼系数的
变化来看：

恩格尔系数：1978 年为 58.7%，1995 年为 49.6%，1997 年为
43.7%，2005 年为 32.8%，2010 年为 30.9%。之后，有所提升：2011
年为 32.4%，2012 年为 33.2%，2013%年为 34.6%。

基尼系数：1995 年为 0.33，2005 年为 0.32，2010 年为 0.204，
2011 年为 0.223，2012 年为 0.221，2013 年为 0.22（资料来源同上）。

从农村城镇化率来看，1978 年为 55.0%，2000 年达到 77.5%，上
升了 22.5 个百分点，2005 年和 2010 年分别达到 83.6%、86.0%。北京
农村城镇化实现程度 2000 年为 59.6%，2005 年为 68.4%，2010 年为
84%，2012 年为 86.2%（表 9-1）。

表 9-1　北京城镇化率发展情况

年份	1978	1980	1985	1990	1995	2000	2005	2010
城镇化率（%）	55.0	57.0	59.7	73.5	75.6	77.5	83.6	86.0

以上资料均来源于北京市统计局等"十五""十一五"及 2012 年、
2013 年的《北京农村统计资料》。

第二节　数说京郊改革与发展

改革开放给北京郊区带来的变化可谓是翻天覆地。《北京日报》与

北京市统计局及国家统计局北京调查总队联手，刊出了"数说图解京郊改革30年"，用"数说图解"代替冗长的文字表述，既让人对实质性的准确变化了如指掌，又让人们免于文海捞针之苦。为便于更多的人了解京郊改革30年的变化。遂将收集到的上述资料辑入"京郊改革与发展"。

89.2%——农村小康实现程度提高

农村经济健康发展，社会事业快速推进，人口素质继续提高，农民生活质量显著改观，资源环境得到改善。按照国家统计局农村全面小康标准和监测方法，2007年本市农村全面小康社会综合实现程度为89.2%。其中经济发展实现程度100%，社会发展实现程度91.4%，人口素质实现程度100%，生活质量实现程度98.3%，民主法制实现程度33.5%，资源环境实现程度为32.9%。各郊区县农村全面小康综合实现程度全部达到80%以上。

22.7倍——都市型现代农业功能服务首都

改革开放30年，本市耕地面积从643.9万亩减少到348.3万亩，下降45.9%；第一产业劳动力从120.7万人减少到61.5万人，下降49%，但农林牧渔业总产值却增长了22.7倍。2007年单位耕地创造农林牧渔总产值7 818元，比1978年增长42.8倍，年均增长13.9%；平均每个从业人员创造的农林牧渔业产值为4.4万元，增长45.4倍，年均增长14.2%。

2007年，全市发展10万亩设施农业节水工程，12万亩农业利用再生水工程以及85万亩雨养旱作玉米节水科技示范推广工程。2007年本市第一产业万元增加值用水量为1 228立方米，比2002年降低32.5%。

182部——移动电话户均近2部

伴随农民生活信息化水平不断提高，农民文娱消费比重也不断上升。2007 年，京郊农民百户拥有固定电话 114 部、移动电话 182 部、家用计算机 46 台、摄像机 4 台、影碟机 47 台、照相机 37 架。人均通信费支出 325 元，占生活消费支出的 4.8%，比 2000 年提高 2.4 个百分点；人均用于文化娱乐（不含教育）方面的支出达到 312 元，占比 4.57%，比 2000 年增长 1.2 倍。近年来，农民旅游休闲活动不断丰富，人均旅游休闲支出突破百元，达到 101 元。

68%——农业生态功能促进城市宜居

农业生态建设得到市委、市政府的高度重视。农业普查资料显示，1996—2006 年，本市农业用地结构发生重大变化，在耕地大量减少的情况下，林业用地面积增加 88 万亩，增长 9.3%；2006 年年末，全市农村区域植被覆盖率达到 68%。"五河十路"绿化建设、两道绿化隔离带建设、生态走廊、京津风沙源治理、水源保护林、流域综合治理以及山区植树造林，大大提高了全市林木绿化率。2007 年，全市林木绿化率 51.6%，比 2000 年提高 8.6 个百分点。

2006 年，本市农业生态服务价值达 5 813.96 亿元，其中，农业经济价值为 269.97 亿元，占生态服务价值的 4.7%；生态经济服务价值 42.92 亿元，占 0.7%，生态环境服务价值达 5 501.07 亿元，占 94.6%。农村生产环境的建设，改善了首都的空气质量，营造了首都良好的景观效果。

13.2 倍——农民家庭收入大幅增长

国家统计局北京调查总队数据显示，北京市经济继续保持快速、协调、稳定发展，农民家庭收入不断增加，生活越来越富裕。截至 2007 年年底，京郊农民人均占有家庭资产达到 68 230 元，比 1992 年增加 63 430 元，增长 13.2 倍，其中，人均拥有住房资产价值 55 190 元，增长 15.3 倍，人均拥有金融资产 10 290 元，增长 7.7 倍。

62.2%——过半行政村拥有图书室

1985 年以前，本市仅有 6 座区县文化馆。2006 年农业普查数据显示，62.2% 的行政村有图书室（文化站）；59.9% 的行政村有体育健身场所，比第一次农业普查分别提高了 58.4 个百分点和 57.7 个百分点；47.5% 的行政村有农民业余文化组织，31.5% 有休闲公园。近年来，本市在发展社会公共服务方面做了大量工作，尤其注重向农村、向农民工等群体倾斜。例如举办"北京是我快乐的家"来京务工人员大型歌会，"走进新农村"北京市新农村优秀文艺节目展演等。

13.1 亿元——生态农业促进增收

市委、市政府在重视发挥农业生产功能的同时，着力发展京郊农业休闲产业，为城市居民提供休闲娱乐场所，促进农业增收。2007 年年底，本市拥有观光园 1 302 家，经营总收入为 13.1 亿元，分别比 2005 年增长 1.1 倍和 1.9 倍；民俗旅游户达 10 323 户，从业人员 20 780 人，民俗旅游总收入 5 亿元，分别比 2005 年增长 18.8%、35.3% 和 34.3%；农业观光园及民俗旅游接待人数为 1 446.8 万人次和 1 167.6 万人次，与 2005 年相比增长 1.3 倍和 34.1%。小汤山农业园、顺义"三高"、朝阳"蟹岛"、世界花卉大观园等各类农业科技园的建立，成为都市型现代农业的示范窗口。

36.6%——养老保险超三成

北京市率先在全国建立农村社会保障制度。1995 年建立农村养老保险制度；2006 年出台了《北京市农村社会养老保险制度建设指导意见》。截至 2007 年，京郊参加农村养老保险人数达 49.1 万人，农村养老保险覆盖率达到 36.6%。2008 年起全面实施《北京市新型农村社会养老保险试行办法》，实行个人账户和基础养老金相结合的制度模式，并给 60 岁以上的农民每月 200 元养老补助。农村养老保险覆盖率，朝着"十一五"

规划既定目标60%快速前进。

5.7倍——肉蛋奶禽成必备

相关数据显示，1985年农民副食品的消费支出首次以较大幅度超过主食支出，吃的结构发生了历史性变化，农民的餐桌丰富了。2007年人均动物性食品的消费量达到53.1千克，比1978年增加45.2千克，增长5.7倍。

2007年，农民人均用于食品方面的消费支出达到2 190元，比1978年增长17.8倍。农民吃得越来越好，食品种类越来越丰富，主食消费量下降，副食消费量大幅增长。2007年农民人均年消费粮食比1978年下降55%；肉及肉禽消费、奶及奶制品消费分别比1985年增长95%和23.3倍；禽蛋、植物油、酒类消费比1978年增长6.8倍、8倍和9.3倍；干鲜瓜果类食品消费比1978年增长88倍。

130.6亿元——"三农"投入翻倍

党的十六大召开之后，各地积极贯彻落实城乡统筹科学发展观，成为开始建立城乡统筹机制的关键时期。2005年，市政府打破过去政府部门城乡分割的界限，由30多家职能部门联动参与支持新农村建设。经过3年努力，参与新农村建设工程的市政府部门从2005年的30多个增加到2007年的56个，工程项目从50多项增加到103项，市政府对"三农"投入达130.6亿元，是2002年的5.2倍。

134台——户均彩电超一台

改革开放初期，农村居民的耐用消费品只限于自行车、缝纫机、手表、收音机这"老四件"。如今，在京郊农村，彩色电视机、电冰箱、电脑、洗衣机、空调机、微波炉、热水器等现代化中高档家庭耐用消费品已经十分普及。据《北京统计年鉴》显示，2007年农民家庭每百户拥有彩色电视机134台、电冰箱104台、洗衣机99台、空调机

78 台、微波炉 42 台、热水器 74 台。传统"大件"电视等耐用消费品在农村家庭的拥有量甚至超过一台，现代农民的消费能力大大提高，对于生活水准的追求也紧跟时代的步伐。

42.95%——近半村庄通公交

市委、市政府多年来着力解决农民最关心、最直接、最现实的利益问题，改善农民生产生活条件。加强农村基础设施建设。2006 年、2007 年 2 年完成"村村通油路"之后，村村通公交等取得新进展。2006 年农业普查资料显示，42.95% 的村地域内有车站，进村公路以柏油路面为主，村内道路以水泥路面为主，87.53% 的村内主要道路有路灯。农民出行越来越便捷，交通工具从自行车向摩托车、汽车发展，2007 年摩托车拥有率达到 30%，生活用汽车拥有率达到 11%。

8.1 倍——文化娱乐支出增长

2007 年，农民家庭人均用于文化教育和娱乐方面的支出达到 902 元，比 1992 年增长 8.1 倍。特别是农民家庭对子女教育和自身技能提高的投入不断加大，全市农民人均用于家庭成员的教育消费支出达到 590 元，比 1992 年增长 11 倍，占生活消费支出的比重由 1992 年的 4.2% 上升到 8.6%。

127.9 万——农村吸纳大量城市人口

2005 年，北京根据城市总体规划，划分了 4 个功能区，农村成为吸纳城市人口，转移城市产业的腹地。城市功能拓展区中的朝阳、海淀、丰台 3 个区逐渐趋于城市化。2007 年，3 个区常住人口 750.8 万人，比 1985 年增长 1.6 倍，占全市常住人口增加量的 69.4%；城市发展新区常住人口 446.2 万人，较 1985 年增长 74.2%，占全市常住人口增加量的 28.2%。

30 年中，行政村人口增加 127.9 万人，占全市人口增量的 16.8%；

2006 年农业普查数据显示，本市行政村常住人口 501.6 万人，比 1978 年增加了 119.5 万人，其中，外来人口达 157.5 万人，超过农村地区人口增加的总量，占行政村常住人口的 31.4%。

16.7 万家——乡镇企业促发展

到 2007 年年末，全市乡镇企业达到 16.7 万家，总收入 2 967 亿元，分别比改革开放初期增长 40 倍、5.2 倍和 375.4 倍，年均增长速度分别达到 13.7%、6.5% 和 22.7%。

1985—1995 年，乡镇企业异军突起。1995 年总收入比 1985 年增长 9.6 倍，年均增长 26.6%。

1998—2003 年 5 年间，乡镇企业实现持续、快速、稳定、健康发展，乡镇企业总收入增长了 1.5 倍，年均增长 20.3%，带动农村生产总值从 336.9 亿元增加到 566.8 亿元，增长了 68.3%。

2004—2007 年，中央新一轮宏观调控时期，乡镇企业进入调整时期。通过加快产权制度改革，重点发展农村优势传统产业，盘活存量资产等措施，成为农村经济稳定增长、农民稳定增收的重要基础。2007 年，乡镇企业中股份制和股份合作制企业 1 515 家，港、澳、台商投资企业 138 家（表 9-2 至表 9-9）。

表 9-2　乡镇及行政村三次产业从业人员及构成

年份	第一产业		第二产业		第三产业	
	数量（万人）	构成（%）	数量（万人）	构成（%）	数量（万人）	构成（%）
2010	60.1	17.3	104.2	30.0	183.4	52.7
2005	58.6	31.8	51.1	27.0	74.3	40.4

表 9-3　"十一五"期间北京农业牧渔产业总产值及增加值

年份	2005	2006	2007	2008	2009	2010
总产值（亿元）	239.3	240.2	272.2	303.9	314.9	328.0
增加值（亿元）	98.0	88.8	101.3	112.8	118.3	124.5

表 9-4　"十一五"期间北京平均每一从业人员创造农林牧渔业产值

年份	2005	2006	2007	2008	2009	2010
人均产值（元）	40 834	36 559	44 276	49 175	51 750	54 579

表 9-5　"十一五"期间北京设施农业发展情况

年份	2005	2006	2007	2008	2009	2010
占耕地（公顷）	15 645	17 832	18 022	17 051	18 762	18 323
收入（亿元）	18.62	21.11	28.12	28.17	33.91	40.72

表 9-6　"十一五"期间北京观光农业发展情况

年份	2005	2006	2007	2008	2009	2010
接待人数（万人）	892.5	1 210.6	1 446.8	1 498.2	1 597.4	1 774.9
收入（万元）	78 810.0	104 929.4	131 492.3	135 807.8	152 434.3	177 958.4

表 9-7　"十一五"期间北京种业发展情况

年份	2005	2006	2007	2008	2009	2010
外销收入（万元）	26 704.8	13 598.6	39 578.3	57 839.2	72 829.1	80 536.7
地销收入（万元）	59 370.9	77 459.9	99 132.8	109 343.5	128 410.7	145 734.1

表9-8 "十一五"期间北京都市型现代农业生态服务价值

年份	2006	2007	2008	2009	2010
年值（亿元）	721.44	793.31	839.95	874.25	3 066.36
贴现值（亿元）	5 813.96	6 156.72	6 306.95	6 496.21	8 753.63

表9-9 "十一五"期间北京农村居民人均纯收入情况

年份	2005	2006	2007	2008	2009	2010
人均纯收入（元）	7 860	8 620	9 559	10 747	11 986	13 262
20%低收入户人均纯收入（元）	3 052	3 275	3 783	4 458	4 951	5 358

注："十一五"数据资料均来自市统计局等《北京农村统计资料》（2006—2010年）

附　咏京郊"三农"

作者张一帆先生自 1970 年调到北京工作以来，先后在北京市农科所、北京市农业科学院、北京市农业局和市政府农办科教处工作，足迹遍布京郊，他深深地爱上了北京农业，也见证北京农业走过了近 50 年。他将所感所想以散文或顺口溜的形式记录下来。在此附上，以飨读者。

一、小麦颂

小麦，是人类社会的命根子。世上谁人不在食小麦？五洲大地有谁不在种小麦？东方的馒头、水饺、面条……西方的面包、汉堡……哪一种食品不用小麦，一个也少不了。

小麦，是中国的骄傲。中国是他的原产地，从南到北都有它的遗存印迹，仅从可见的遗迹，距今已有 7 000 年。

小麦，北京人对它最亲近，耕种食用都十分考究。从种到收一年四季为它忙个不停，播种、浇水、施肥、收割、打粒无微不至，真正做到"汗滴禾下土"。从日常到过节，磨面、蒸馒头、炸咯吱到京八件，都围绕着小麦做时尚，真可谓精心树风味。

小麦，冒看不起眼，仔细琢磨、贴心感悟——它有文化、有文明隐着不外泄。从野生到家种，从低产到高产，从传统到创新，每一次飞跃、每一次跨越，都渗透着人类的智慧和希望。

小麦，是物，它不会张扬。它那潜在魅力的揭示靠科研不靠感受，它的文明显而易见，亦需有心挖掘。一年中它有 8 个月覆盖大地，防风固土，清新空气，默默地在创造财富。日复一日持之 245 天，合成造福于人的物质与绿色掩体。小麦的可塑性已由人类开发殆尽，面可做出许多风味不同佳肴；秸秆用途亦多，喂牛可挤奶、出肉，沤肥可肥田，使"地力常新壮"，制作沼气可作清洁能源，秸秆还可制作惟妙惟肖的工艺品。

小麦，是劳动者的心血，是劳动者智慧的结晶，是神灵般的造物者——用阳光、空气和水合成人类所需的宝贝。它所展示的是劳动创造世界。

小麦，我崇拜您！是因您丰收可带来安定和谐，是因您给人类以生机与清新，是因您有无穷潜在的奉献。古往今来，引无数仁者、智者开发了数千年，到如今也未见底牌，是因您给人类更宽阔的底蕴还在后边。过去说"低产的小麦"，"高产的玉米"，现在呢？亩产千斤并不为奇，彼彼出现；过去说您是吃肥喝水的庄稼，现在呢？依靠科学管理既节水又省肥；过去说您在中国只做馒头、烙饼、饺子、面条……现在呢？面包、汉堡样样俱全。是因你在商品经济漩涡中不过高讨价，大江南北秦岭东西仍布满你的踪影。你是人类主食的栋梁，你的生机将永远、永远！

二、咏"三农"

新农村

新农村变化大，"三起来"① 进万家；冬天暖夏天凉，照明用太阳。

---

① 指北京市实施的"三起来"工程，即让农村亮起来，暖起来，资源循环起来

互联网村村通，坐炕头游天下，学知识寻信息，农民自主当家。

街道硬化通车，用水自流不愁，气点炉灶无烟，村容整洁宽宏，管理民主成尚，社会稳定安详，生产发展繁荣，农家致富兴旺。

新农民

新式农民有新标，"有文化、懂技术、会管理"成天条，远程教育家中享，上网寻息百事通，专业合作成大器，规模经营底气足，亦工亦农路子广，创业聚财呈富强。

服务首都上水平，"三者利益"摆当前。如今种地讲特色，生活追求亦时尚。农民进城创新业，市民下乡学农桑。城乡居民融一体，世界城市成栋梁。

新农业

都市现代新农业，发展方式在转变。圈层布局富创意，城乡一体成特点。"十字"① 引领新方向，"三高"② 发展上水平，"三产"③ 融合空间大，"三生"④ 协调人气显，"四种农业"⑤ 显特色，"五圈九业"⑥ 大手笔。基地生产标准化，品牌林立闯天下。生态、安全、名特优，观光会展竞上游。科技进步遥领先，农民实惠满心田。

三、北京新农业之顺口溜

- 游门头沟妙峰山"万亩玫瑰园"："借托妙峰山的灵气，延伸先

---

① "十字"即安全、生态、优质、集约、高效
② "三高"即高端、高效、高辐射
③ "三产"即一产、二产、三产
④ "三生"即生产、生活、生态
⑤ "四种农业"即籽种农业、观光农业、循环农业、科技农业
⑥ 指北京市提出的五圈层农业布局和九大农业产业

辈们的骨气，发挥现代人的志气，营造市场下的财气，培植新时代的福气"。

- 游昌平区小汤山"特菜大观园"："发展特菜业，营造西洋景，观之天外天，尝之味上味，学之长知识，赏之愉神心，跨进大观园，似入地球村"。

- 游顺义区北石槽"御杏园"："乾隆尝杏口生津，欣然命笔题垂名。回宫犹忆舌间味，命臣回派建御园。当今重振御杏园，昔日特产回故里"。

- 游房山区大石窝"万亩菱枣园"："水头一棵树，分身百万株。营建万亩园，得益五百户。明清为贡品，今为富民树"。

- 游大光区梨花村"万亩梨园"："万亩沙性土，万亩精品梨。春日花雪海，碧波招蜂来。秋高气爽日，硕果比山堆"。

- 咏京郊"农园精品"："科学建农园，核心是精品。功能有两项，展示和品尝。传授新农艺，推动现代化。好园在创意，关键是设计。景观是灵魂，精品提精神"。

- 咏"真菌名品"："真菌有益亦有害，益者利用兴产业。科研开发新成果，珍贵名品四季鲜。"①

- 咏"八棱海棠"："八棱海棠，苹果模样。味酸甜涩，较耐贮藏。宫廷贡品，蜜饯主料。现代人气，前景看好"。

- 咏京郊贡品："皇家口味高，出马搜佳肴，一经对口味，钦定贡品缴"。

- 咏"天敌昆虫"："害虫农家敌，伤农讨人怨。往日施农药，为害生物圈。天敌可杀虫，和谐又护农"。

---

① 京郊野生大型真菌有 670 种

● 咏"一品红"："杯状花序顶生红，花色显眼令人宠。庭院装饰无不在，圣诞节间更走红"。

● 咏"石榴"："石榴花红火，果实子孙多。花开麦黄时，果熟正中秋。花果寓吉祥，古来邀月赏"。

● 咏"品牌"："品牌是质量的标定，是标准的符号，是安全的标识，是荣誉的陈述，是流通的诚信，是现代的表意。"①

● 咏"水培花卉"："陆生花卉水中生，突破常规景迎人。红花绿叶白须根，一目了然知其真。"②

● 咏"欧李"："欧李漫山红，赛过红叶密。核果似红珠，串生呈火龙。风味独特富营养，素有'钙果'受张扬。抗旱耐瘠好植被，果界看好'第三代'。"③

● 咏"南果北种"："南果出南国，自古视为俗。古人有训言：'桔生淮南为桔，生于淮北为枳，水土之异也。'今日靠科学，北国与南同。借助风光好，资质亦葱荣。繁华观光园，人气更充容。"④

● 游通州区"南瓜园"："古时南瓜不成业，零星种植度荒月。如今南瓜能保健，还是观光好资源"。

● 咏"桃"："几无古来俏，后生呈妖娆。白、黄、油、蟠四系列，各拥一批人谤耀。早、中、晚熟齐配套，鲜食、加工随您挑。还有创意更新颖，观食两用盆景桃"。

● 咏"北京鸭"："北京鸭体肥大，体态美人人夸；性温顺，好驯

---

① 据资料显示，到 2008 年，京郊农产品及其加工商共获得品牌 2 716 个

② 由南郊农场试验成功并产业化

③ 早在 20 世纪 90 年代即论第三代水果，其中，就有欧李。北京市农林科学院在这方面有研究

④ 从 2007 年起北京市农业技术推广站从南方引进热带水果种植于日光温室，并采用测土配方施肥、浇水获得成果，现已大面积种植供观光采摘

化；肉质美，顶呱呱；做烤鸭，就数它；闯世界，多国家；做产业，已搞大；呱呱声，遍天下"。

● 咏"北京奶牛"："北京黑白花，洋种中国化。百年养殖史，种质改进佳。生产性能好，体貌不在下。中国荷斯坦，奶牛当老大"。

● 咏"枣枣枣"："枣枣枣儿两头尖，风味尤佳受青睐，原产昌平西峰山，如今进入百果园。品质上乘富营养，中华名枣有其一"。

● 咏"心里美萝卜"："外表青白，心里紫红。艳丽如妍，惹人喜爱。皮薄肉脆，多汁开胃。慈禧幸尝，喜从兴来。民送贡品，城门大开。享誉京城，出口海外。好种易管，传承不衰"。

后　记

　　事，是人类探访、观察、研究、认识客观世界的基石和向导、是物性的表象（征），人们透过眼前的或历史的事即可深入探索认识与事相关的物性即事的实体。大凡人们探索、观察、研究、认识农业无不从农事入手，在把握了农业生物及其在耕、种、管、收诸项农事之后，便清晰地认识到农业生产全过程和农业物性与特点。由此，古人便认知"辟土殖谷曰农"（《汉书·食货志》）、"农为国本，百需皆所出"（见徐光启《农政全书》），这就是农业。通过不同历史时期农业事实所反映出的农业的物性与所构成的事件（实）的水平，人们便勾画出农业演化的历史形态，如从新石器的制作、应用及"刀耕火种"、食物加工等事实的连贯中，人们称其为"原始农业"；从冶铁制作铁器用于耕作、播种、管理与收获、加工等事实的连贯中，人们进而认知为精耕细作的传统农业；从机器电力、实验性科技成果的应用及科学人才的操作等事实的连贯中，人们认知进入现代农业阶段。这些认知中还包括有关理性研究提出的理性事实。如西汉时期的《氾胜之书》所讲的"凡耕之本，在于趣时和土，务粪泽，早锄早获"等。

　　本书作者在撰写《北京农业上下一万年追踪》《北京农业的星光神韵》和《北京农业的历史性演化》等农书时都基于北京农业史迹（事迹）的搜寻、积累和梳理。同时从书本（史料）中搜寻古今人们对农业的理性认识的事实。犹如建筑师设计楼房首先要认知现行性能相近的砖、瓦、沙、灰、石等的实料后，再从实料出发设计建造相适的楼房。《古今北京农业要事便览》就是为撰写上列3本书所预搜的"砖、瓦、沙、灰、石"，即古今北京农业发生、演化与发展中积淀于史料中的事迹，按一定的理性条目，经梳理归类而成，又如建筑行业中物料场专为建筑工程提供物料一样，以为研发农史者或探求北京农业史实者提供一点线索与方便。虽可能只是"沧海一粟"，不过能让人唾手可得也是一件幸事！

应该说，本书是以北京农事辑录为体，但并非就事论事，而是在明事中透着事变（演化）与发展，事事与社会、经济相关联，孕育着农事典故，可供有意者茶余饭后对古今北京农业的发生、演化与发展观其大略；对于有心深究北京农业史的同仁或许可提供"垫脚石"而一路攀登！

经考证，北京农业发端于距今1万年前，而于今时去探究，全靠以事与实为石，沿古今中外前人的足迹，跋涉于万年时程，终至北京农业发生原点，再顺时返回，沿途搜寻北京农业发展史演化的节点与过程中的史（事）实。在这一探索中，吾辈不仅敬佩农学界一些先辈的奉献，更钦佩那些非农学者们为后人留下北京农业史上明珠般的事迹。如《周礼·职方氏》中记载："幽州……其谷宜三种"；西汉郑玄注："三种黍、稷、稻""幽州……其畜曰四扰""四扰，马、牛、羊、豕"；《战国策·燕策》中记载："燕国南有碣石雁门之饶，北有枣栗之利，民虽不田作而枣栗之实足食于民矣，此谓天府也。"《诗草木鸟兽虫鱼疏》中记载"五方皆有栗，唯有渔阳、范阳栗甜美味长，他方者悉不及也。"这3种书文均非农书，所记北京地区农事则为经典；所见古今农书中的同类语句均引自上列书文中。读着这些语句，顿觉北京农业史的光辉灿烂。吾辈作为北京农业的后生有幸在史海钩沉中对北京农业史事有所获，当不能再沉没于自己的脑海中，是那样就会随人逝而湮没矣！

农业史好似一面镜子，可引人审时度势，"继古开今""推陈出新"，以开创有中国特色、北京特点的都市型现代农业！

编著者

2017 年 6 月